JN223720

JIS Z 3805 チタン溶接技能者研修テキスト

新版 JISチタン溶接 受験の手引

日本溶接協会 編

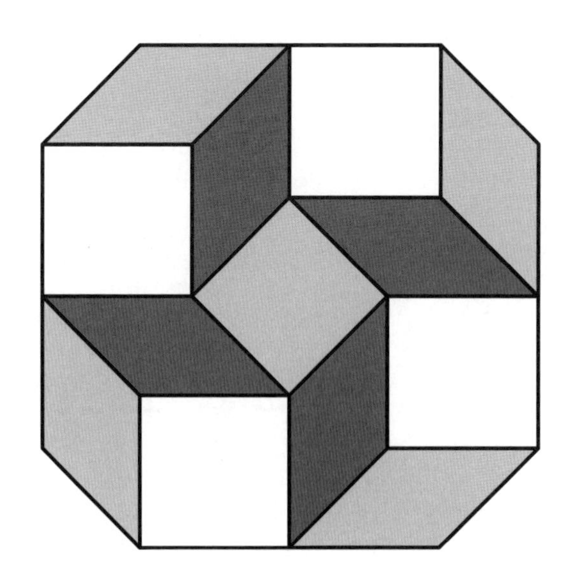

産報出版

まえがき

わが国におけるスポンジチタンの生産量は，中国に次ぐ世界第2位，チタン展伸材の生産量は，中国，米国に次いで世界第3位となっている。世界的にみれば，チタン合金は，主に航空機用として使用され，チタン需要全体の過半数を占めている。一方，わが国では，純チタンは，耐食性を利用した化学工業用，熱交換器用，建築用などの広い用途に多く用いられ，産業の重要な部分を支えている。

チタンおよびチタン合金を使用した装置，構造物の製作には溶接施工が不可欠であるため，（一社）日本溶接協会では，1983年にチタンの溶接を行う溶接技能者の溶接技術検定制度を発足し，専門級としての資格を与えている。一方，「JISチタン溶接受験の手引」は，チタンに対する知識の普及と溶接技術・技能の向上のために，溶接技能者はもとより溶接技術者，研究者のための解説書として活用されてきた。

このたび，チタンおよびチタン合金の大幅なJIS規格改訂に伴い，初版の「JISチタン溶接受験の手引」の改訂が必要となり，また，本書が出版されて22年を経過していることも踏まえ，本書の大幅な内容の見直し作業を行い，「新版JISチタン溶接受験の手引」として出版することにした。編集方針として，旧版で謳われている，チタン溶接技能者・溶接技術者・研究者にも役に立つ内容にする事を極力活かし，古い記述内容などの見直しを行った。

第1章では，1.1節にチタンおよびチタン合金の基礎知識を，1.2節にチタンおよびチタン合金の歴史，規格，種類や金属学的性質，機械的性質などの詳細な記述を加え，高度技術者・研究者にも役立つ内容を解説した。また，第2，4，5章では，クラッド鋼およびライニングを含むチタンおよびチタン合金特有の溶接・接合法，溶接施工法を詳細に解説した。第3，6，7章では，「新版JISステンレス鋼溶接受験の手引」の記述を参考にして，本書のみで溶接に関する一般的な基礎知識を理解できるように解説した。第2部の演習問題は，初版の「JISチタン溶接受験の手引」の演習問題を修正して再編集した。また，第4部の受験のガイドでは，チタン溶接技術検定における試験方法および判定基準について詳細に解説した。チタン溶接技術検定試験を受験される方は，是非，読んで理解していただきたい。

最後に，本書の出版に当たり，編集方針から最終稿まで詳細に計画・検討・執筆していただいたワーキンググループの方々，編集作業に多大の労力を割いていただいた，産報出版㈱の編集者，星野孝昌様並びに（一社）日本溶接協会の吉井智彦様に心からお礼申し上げる。

2025年3月

（一社）日本溶接協会
『新版JISチタン溶接受験の手引』編集ワーキンググループ
主査　篠﨑 賢二（元 広島大学）
井上 裕滋（元 大阪大学）
葛西 省五（東北精密㈱）
金子 裕良（埼玉大学）
上瀧 洋明（(一社) 日本チタン協会）
平嶋 謙治（元 トーホーテック㈱）
（五十音順）

目　次

第1部　JIS Z 3805　受験講座

第2部 JIS Z 3805 演習問題

第3部 JIS Z 3805 演習問題模範解答

第4部　JIS Z 3805/WES8205受験ガイド

第1部

JIS Z 3805

受験講座

1

チタンおよびチタン合金の種類と性質

1.1 チタンおよびチタン合金の基礎知識

1.1.1　チタンおよびチタン合金とは

チタンは元素記号Tiで表される原子番号が22の金属であり，その特徴としては，軽くて強い（比強度が高い），錆びにくい（耐食性が高い），金属アレルギーを起こしにくい（生体適合性が高い），磁性がない（非磁性）などが挙げられる。チタンは，純度の高い工業用純チタン（CP-Ti：Commercial Pure Titanium）と耐食性や強度などを高める目的で合金元素を添加したチタン合金に分類される。なお，工業用純チタン（本書では以下，純チタンという）にも，わずかにO，Feなどが含まれている。このような特性を活かして，チタンおよびチタン合金は種々の分野で実用化されている。

チタンの用途としては，日本ではチタンの耐食性を利用した化学工業用，熱交換器用，建築用などの用途が多く，純チタンの使用量が多い。一方，世界的には航空機用を主目的としたチタン合金がチタン需要全体の過半数を占めている。

1.1.2　チタンおよびチタン合金の分類

チタンおよびチタン合金は，常温におけるα相とβ相の割合の多少により，

α型，near α型，α＋β型およびβ型に大別される（α相，β相については，1.2.4(1) 参照)。

(1) α型およびnear α型合金

α型合金は，常温でα単相となる合金であり，その代表的なものには，純チタンとTi-5Al-2.5Snがある。耐食チタン合金のTi-0.15Pdもα型合金である。また，near α型合金は，α相中にβ相がわずかに存在しており，代表的なものには，Ti-6Al-2Sn-4Zr-2Moなどがある。純チタンは，OとFeの含有量によってJIS規格では1種から4種に分類され，それらの含有量が増加するにつれて，引張強さは270MPaから750MPaまで上昇する。α型合金は，耐熱性に優れ，低温でもぜい性破壊を起こさない。また，幅広い温度域で安定した強度を示すとともに，耐食性は高く，溶接性も良好である。

一方，本合金は鋼のように熱処理による機械的性質の改善はできず，例えば，焼入れなどで強度を上げることはできない。また，熱間および冷間の加工性は低い。このような特徴を活かし，液体燃料タンクのような低温容器，電力向け復水器などのパイプ，建築用材料，スポーツ用品，眼鏡フレーム，医療や歯科治療用材料などに広く使用されている。

(2) α＋β型合金

α＋β型合金は，常温でα相とβ相が共存する合金であり，その代表的なものには，Ti-6Al-4V，Ti-6Al-6V-2Snなどがある。この中でTi-6Al-4Vは，世界のチタン材料の総使用量の約50%以上を占めている。α＋β型合金は，種々の加工・熱処理により幅広く金属組織を制御できるため，強度，延性，高温強度，疲労強度に優れ，熱間加工性，溶接性，耐食性も良好である。このような特徴を活かし，航空宇宙用途として，エンジンのブレードやディスク，航空機機体などに使用され，中でもTi-6Al-4Vは，航空宇宙分野で使用されているすべてのチタン材料の約80%を占めている。その他に，本合金は，人工股関節などの外科用インプラント材料，深海潜水艇などの海洋関連などにも使用されている。

(3) β型合金

β型合金は，常温でもβ相がほぼ100%となる合金であり，その代表的なものには，Ti-15V-3Cr-3Al-3Sn，Ti-13V-11Cr-3Alなどがあるが，その他にも多くの合金が開発されている。β型合金は，強度が高く，時効処理により更なる高強度化が可能であるため，チタン合金の中で最も高強度でありながら，加工性にも優れている。しかし，本合金は，高温では強度は低下し，低温ではぜい性破壊を起こす懸念があり，また，溶接性も他のα型合金，α＋β型合金に比べて劣る。β型合金は，航空機機体やエンジン用部材として使用されるが，その他にも，バネ材，ゴルフクラブのヘッド，眼鏡のフレーム，生体材料などにも使用されている。

1.1.3　チタンおよびチタン合金の物理的性質と機械的性質

(1) 物理的性質

代表的なチタンおよびチタン合金の物理的性質を他の金属材料と比較して表1.1[1]に示す。チタン材料の溶融温度は，他の金属材料に比べて高い。また，密度は鉄鋼材料の約60%と小さく，後述する比強度（引張強さ／密度）が高い材料であることから，航空機材料やスポーツ用品などに使用される。その他，線膨張係数，熱伝導率およびヤング率などは，他の金属材料，特に鉄鋼材料に比べて小さいため，良好な溶接性を有するなど使用上のメリットがある（1.2.4 (2) 参照）。また，チタン材料はすべて非磁性であり，ステンレス鋼のように金属組織（相）によって磁性が変わることはない。

(2) 機械的性質

代表的なチタンおよびチタン合金の常温での機械的性質を他の金属材料と比較して表1.2[2,3]に示す。純チタン（2種）は，一般構造用圧延鋼（SS400）とほぼ同様の性質を示すのに対し，チタン合金は，純チタン（2種）やオーステナイト系ステンレス鋼に比べて，0.2%耐力および引張強さは高いが，伸びは低い。また，α＋β型合金およびβ型合金では，溶体化処理後に時効処理を行う

表1.1　代表的なチタンおよびチタン合金の物理的性質（他金属との比較）

材料	チタン			鉄鋼			アルミニウム		銅	ニッケル
	純チタンα型	α+β型	β型	炭素鋼	フェライト系ステンレス鋼	オーステナイト系ステンレス鋼	純アルミニウム	アルミニウム合金	純銅	ニッケル合金
種類	CP-Ti	Ti-6Al-4V	Ti-15V-3Cr-3Al-3Sn	SPCC	SUS430	SUS304	1100-H18	A7075-T6	1020-O	ハステロイC
溶融点（℃）	1668	1650	1668	1530	1490	1400～1427	646～657	476～638	1083	1305
密度（g/cm^3）	4.51	4.43	4.76	7.85	7.70	7.93	2.71	2.80	8.93	8.92
線膨張係数（$/K\times10^{-6}$）（20℃）	8.4	8.8	8.5	12.0	10.4	17.0	23.6	23.0	17.1	11.3
熱伝導率（W/m·K）（20℃）	17	7.5	8.08	63	23	16	220	130	385	13
比熱（KJ/kg·K）	0.519	0.585	0.500	0.460	0.460	0.502	0.879	0.962	0.385	0.385
電気比抵抗（μΩ·m）（20℃）	0.55	1.71	1.4	0.097	0.60	0.72	0.03	0.052	0.017	1.3
電気伝導率（%対Cu）	3.05	1.0	—	18.0	—	2.4	64.0	30.0	100	1.3
ヤング率（GPa）	106.3	113.2	—	205.8	200.0	199.9	69.1	71.5	107.8	204.5
ポアソン比	0.37	0.31	—	0.31	—	0.29	0.33	0.33	0.34	—
比透磁率（μ/μ0）	1.0001	1	1	100	—	1～7	—	1	1	—
磁性	非磁性	非磁性	非磁性	強磁性	強磁性	非磁性	非磁性	非磁性	非磁性	非磁性

表1.2　代表的なチタンおよびチタン合金の機械的性質（常温）（他金属との比較）

材料		種類	熱処理	0.2%耐力（MPa）	引張強さ（MPa）	伸び（%）	ビッカース硬さ HV
チタン	純チタン	CP2種	焼なまし	270	390	38	160
	α型合金	Ti-0.15Pd	焼なまし	—	343	23	—
		Ti-5Al-2.5Sn	焼なまし	804	862	16	—
	α+β型合金	Ti-6Al-4V	焼なまし	921	980	14	320
			溶体化時効	1100	1170	10	—
		Ti-6Al-6V-2Sn	焼なまし	990	1060	14	—
			溶体化時効	1170	1270	10	—
	β型合金	Ti-15V-3Cr-3Cr-3Sn	焼なまし	789	828	18	270
			溶体化時効	1110	1230	10	—
		Ti-13V-11Cr-3Al	溶体化時効	1170	1220	8	—
		Ti-15Mo-5Zr-3Al	溶体化時効	1450	1470	13	—
鉄鋼	炭素鋼	SS400	焼なまし	179	400	48	130
	マルテンサイト系ステンレス鋼	SUS410	焼なまし	265	480	20～35	140～170
			焼入れ	1030	1080	10～15	400～440
			焼入焼戻し	960	1270	15	380～400
	フェライト系ステンレス鋼	SUS430	焼なまし	315	520	30	190
	オーステナイト系ステンレス鋼	SUS304	溶体化	245	590	60	180
	二相ステンレス鋼	SUS329J3L	溶体化	551	795	32	255
アルミニウム	純アルミニウム	1100-O	焼なまし	30	70	43	25
	アルミニウム合金	A7075	T6処理	505	570	11	60

ことで，0.2%耐力および引張強さはさらに上昇する。

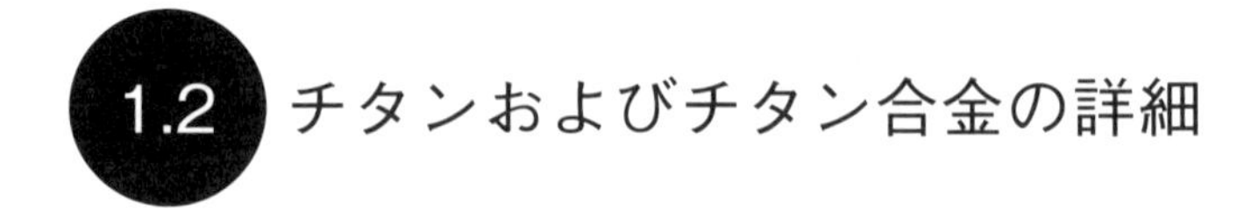

1.2 チタンおよびチタン合金の詳細

1.2.1 チタンおよびチタン合金の歴史

金属チタンの誕生は他の工業用金属に比べて遅く，20世紀になってからであるが，チタン鉱石の発見は，18世紀末までさかのぼる。1791年にイギリス人のグレーガー(R.W.Gregor)は，イギリス／コンウォール地方のメナカン(Manaccan)海岸の砂鉄の中に，鉄以外の金属酸化物が存在することを発見し，発見場所にちなんで「メナカナイト」(Manaccanite）と名付けた[4)]。また，1795年にドイツ人のクラプコート（M.H.Klaproth）は，ハンガリー産のルチル鉱石の主成分が未知の金属の酸化物であることを発見し，この未知の金属を「タイタン，チタン」(Titan）と名付けた。後になって，このチタンがメナカナイトと同じ物質であることが判明し，金属名としてチタン（タイタン）が使われるようになった[4)]。しかし，これらはチタン酸化物を他の金属酸化物と区別しただけであり，チタン鉱石を還元し，金属チタンを抽出するまでには長い年月が必要であった。金属チタンの製錬は，1910年にアメリカの化学者ハンター(M.A.Hunter)がナトリウムによる還元法によりまず成功した。これがハンター法である[5)]。その後，1948年にルクセンブルグの冶金学者クロール（W.Kroll）がマグネシウムによる還元法「クロール法」を確立し，スポンジチタンの工業的製錬に成功した[5)]。このクロール法が，現在もチタン工業生産の主流になっている。

チタン合金の開発は，1.2.4(1）に後述するが，1950年代の状態図の研究により始まった。α安定化元素としてAl，O，N，Cが，β安定化元素としてV，Mo，Fe，Cr，Mgが確認され，これらの元素の組合せにより各種のチタン合金が開発されてきた。特に，ケスラー（H.D.Kessler）とハンセン（M.Hansen）によって開発され，1954年に実用化されたTi-6Al-4V合金の開発意義は大きく，この開発にともない，チタン合金の高性能化と広範囲利用が進展した。

このように開発されてきたチタンおよびチタン合金は当初より，航空機用材料および宇宙開発用，原子力潜水艦用として重用されてきた。特に，航空機の機体とジェットエンジンにはチタン合金は不可欠であり，現在の世界のチタンおよびチタン合金の約半分が航空機用途である。また，耐食性，非磁性，高比強度などの特性を生かした民生用用途としては，アレルギー性がほとんどないことから医療用途材に，非磁性であることから電子加速器，MRI装置用途材などに，軽量で耐火性があることから屋根材・壁材に，音響効果が良いことから楽器・音響用途材に，優れた耐すき間腐食性を有することから特殊耐食用途材などにと，幅広い分野で使用されている。

日本においては1952年にスポンジチタンの生産が国産化されたのを契機に，1955年にチタン展伸材の工業生産が開始された。日本のチタン産業は，高水準の生産能力と品質を有しており，特に，日本のスポンジチタンの海外航空機産業向けのシェアは高く，エンジン回転体用の最高級グレード品も供給するなど，高い国際競争力を有している。また，展伸材においても一般産業用向け純チタンは，鉄鋼製造設備を用いて高品質なチタン展伸材が製造され，世界から高い評価を受けている。現在日本は，スポンジチタンの生産量では中国に次ぐ世界第2位，チタン展伸材では中国，米国に次いで世界第3位に位置している。

一方，チタンの課題としては，コストが高いことが大きく，単位重量あたりの価格は，競合するステンレス鋼の3倍以上であり，世界のチタンの生産量はステンレス鋼の生産量に比べ，1％にも満たない。また，生産量が少ないために，入手性についても他の工業用金属に比べると低い。

1.2.2　チタンおよびチタン合金の規格

(1) 規格の種類

工業材料としてのチタンは，製品形状ごとにJIS（日本産業規格）に規定されている。チタン関連のJIS規格および国外規格例を表1.3[6]に示す。

表1.3　チタン関連のJIS規格および国外規格例

対象形状	規格番号	制定・改正年	規　格　名　称
板	JIS H 4600	2012	チタン及びチタン合金—板及び条
管	JIS H 4630	2012	チタン及びチタン合金—継目無管
	JIS H 4631	2018	チタン及びチタン合金—熱交換器用溶接管
	JIS H 4632	2018	チタン及びチタン合金—熱交換器用継目無管
	JIS H 4635	2012	チタン及びチタン合金—溶接管
棒	JIS H 4650	2016	チタン及びチタン合金—棒
鍛造品	JIS H 4657	2016	チタン及びチタン合金—鍛造品
線	JIS H 4670	2016	チタン及びチタン合金—線及び線材
鋳造品	JIS H 5801	2000	チタン及びチタン合金鋳物
クラッド鋼	JIS G 3603	2012	チタンクラッド鋼
溶接材料	JIS Z 3331	2011	チタン及びチタン合金溶接用の溶加棒及びソリッドワイヤ
溶接検定	JIS Z 3805	2022	チタン溶接技術検定における試験方法及び判定基準
板	ISO 28401	2010	Light metals and their alloys - Titanium and titanium alloys - Classification and terminology
管	ISO 18762	2016	Tubes of titanium and titanium alloys - Welded tubes for condensers and heat exchangers - Technical delivery conditions
溶接材料	ISO 24034	2010	Solid wire electrodes, solid wires and rods for fusion welding of titanium and titanium alloy
板	ASTM B265	2015	Standard specification for Titanium and Titanium alloy Strip, sheet, and plate
棒	ASTM B348	2013	Standard specification for Titanium and Titanium alloy Bar and Billets
板	AMS 4899	2016	Titanium Alloy Sheet, Strip and plate

JIS: Japanese Industrial Standards, 日本産業規格
ISO: International Organization for Standardization, 国際標準化機構
ASTM: American Society for Testing and Materials, 米国試験材料協会
AMS: Aerospace Material Specification, 航空宇宙用材料規格

(2) JIS記号の見方

(a) 種類を表す分類番号[7)]

現在制定されているJIS規格では，純チタンは酸素量と強度により，1種から4種が規定され，チタン合金は，11種～23種，50種，60種，60E種，61種，61F種および80種が規定されているが，合金の種類を表す分類番号としては，次のように定めている。

1～9番台：純チタン

10～40番台：耐食チタン合金

50番台：α型合金

60〜70番台：$\alpha+\beta$型合金

80番台以上：β型合金

(b) 形状・仕上方法を表す記号[7)]

JIS規格では，チタンおよびチタン合金の形状を表す記号を次のように定めている。

TP：チタン板

TAP：チタン合金板

TTP：チタン縫目無管およびチタン溶接管

TATP：チタン合金縫目無管およびチタン合金溶接管

TTH：チタン熱交換器用縫目無管およびチタン熱交換器用溶接管

TATH：チタン合金熱交換器用縫目無管およびチタン合金熱交換器用溶接管

TW：チタン線

TAW：チタン合金線

TWR：チタン線材

TAWR：チタン合金線材

TB：チタン棒

TAB：チタン合金棒

TF：チタン鍛造品

TAF：チタン合金鍛造品

TC：チタン鋳造品

TAC：チタン合金鋳造品

これらの形状を表す記号に続く数字などの記号については，合金の種類により，次のように定めている。

- 純チタンの場合：引張強さ（MPa）の下限値と熱間圧延材（H：Hot roll）もしくは冷間圧延材（C：Cold roll）の区別を表す。
  例：TP340H（引張強さの下限が340MPaの純チタンの熱間圧延板：JIS 2種）
- 耐食チタン合金の場合：引張強さ（MPa）の下限値と主要な添加元素の種類を表す。

例：TP340PdC（引張強さの下限が340MPaのTi-0.15Pd耐食チタン合金の冷間圧延板：JIS 12種）

・α型，α＋β型，β型合金の場合：主要合金元素の添加量を4桁で表す。

例：TAP6400H（Ti-6Al-4V合金の熱間圧延材：JIS 60種）

また，OやFeの含有量を少なくすることによって，延性・じん性を向上させたチタン合金では，4桁の数字の末尾にE（Extra Low Interstitial Elements）を付ける。例えば，Ti-6Al-4V ELI材（JIS 60E種）の熱間圧延材はTAP6400EHとなる。

1.2.3　チタンおよびチタン合金の種類

チタンおよびチタン合金は，1.1.2項で述べたように，常温における金属組織の違いによって，α型，near α型，β型およびα＋β型に大別され，それぞれの性質は異なる。そこで，JISに規定されている代表的なチタンおよびチタン合金（JISに規定されていない合金も含む）の種類ならびに性質と用途を表1.4[7,8]に示す。

純チタンはJIS規格では，１種から４種に分類され，O量およびFe量が増加するにつれて，引張強さは上昇し，伸びは低下する。また，いずれも海水環境での耐食性に優れている。さらに，Pdなどを添加した耐食チタン合金は，耐すき間腐食性にも優れている。また，α型合金は，低温でもhcp構造のα単相のため，低温ぜい性は示さず，耐熱性やクリープ特性，溶接性も良好である。ただし，熱間および冷間の加工性は低い。また，α相のhcp構造は，弦振動によって発生した波動を減衰することなく，安定して伝えることができるため，音響的にも優れている。α＋β型合金は，α型合金よりも強度が高く，また，α相を微細析出させて強度を高める熱処理（時効処理）ができるなど，種々の加工・熱処理で幅広い金属組織が得られるため，強度，延性，高温強度，疲労強度に優れ，熱間加工性，溶接性，耐食性も良好である。β型合金では，β相がbcc構造のため，結晶内のすべり面が多く，加工性に優れる。また，準安定β相を熱処理することによって，高強度が得られる。しかし，β型合金の高温強度は

表1.4　代表的なチタンおよびチタン合金の種類および性質と用途

分類	種類	種類のJIS記号	概略組成	熱処理	常温における機械的性質			特徴および用途例	備考（関連規格）
					0.2%耐力（MPa）	引張強さ（MPa）	伸び（%）		
純チタン	JIS 1種	TP270	O:0.15%以下，Fe:0.20%以下	焼なまし	165以上	270～410	27以上	耐食性に優れ，特に耐海水性に優れる。成形性が良好	ASTM Gr.1
	JIS 2種	TP340	O:0.20%以下，Fe:0.25%以下	焼なまし	215以上	340～510	23以上	耐食性に優れ，特に耐海水性がよい。汎用性が高い。化学装置，石油精製装置，パルプ製紙工業装置など。	ASTM Gr.2 AMS4902
	JIS 3種	TP480	O:0.30%以下，Fe:0.30%以下	焼なまし	345以上	480～620	18以上	耐食性に優れ，特に耐海水性に優れる。中強度。	ASTM Gr.3 AMS4900
	JIS 4種	TP550	O:0.40%以下，Fe:0.50%以下	焼なまし	485以上	550～750	15以上	耐食性に優れ，特に耐海水性に優れる。高強度。	ASTM Gr.4 AMS4901
耐食チタン	JIS 12種	TP340Pd	Ti-0.15Pd	焼なまし	215以上	340～510	23以上	耐食性に優れ，特に耐すき間腐食性に優れる。化学装置，石油精製装置，パルプ製紙工業装置など。	ASTM Gr.7
	JIS 15種	TP450NPRC	Ti-0.4Ni-Cr-Ru-Pd	焼なまし	380～550	450以上	18以上	耐食性に優れ，特に耐すき間腐食性に優れる。	ASTM Gr.34
	JIS 20種	TP450PCo	Ti-0.3Co-0.05Pd	焼なまし	380以上	450～590	18以上	耐食性に優れ，特に耐すき間腐食性に優れる。	ASTM Gr.31
	JIS 22種	TP410RN	Ti-0.5Ni-0.05Ru	焼なまし	275以上	410～530	20以上	耐食性に優れ，特に耐すき間腐食性に優れる。	ASTM Gr.14
α型	5Al-2.5Sn	—	Ti-5Al-2.5Sn	焼なまし	793以上	828以上	10以上	耐熱性，溶接性に優れる。	ASTM Gr.6 AMS4910
	JIS 50種	TAP1500	Ti-1.5Al	焼なまし	215以上	345以上	20以上	耐食性に優れ，特に耐海水性に優れる。耐水素吸収性および耐熱性がよい。二輪車のマフラーなど。	ASTM Gr.37
α+β型	JIS 61種	TAP3250	Ti-3Al-2.5V	焼なまし	485以上	620以上	15以上	中強度で，耐食性，溶接性および成形性がよく，冷間加工性に優れる。箔，医療材料，レジャー用品など。	ASTM Gr.9
	JIS 60種	TAP6400	T-6Al-4V	焼なまし	825以上	895以上	10以上	高強度で耐食性がよい。汎用性が高い代表的合金。化学工業，機械工業，輸送機器などの構造材（例えば，高圧反応槽材，高圧輸送パイプ材，レジャー用品，医療材料）。	ASTM Gr.5
	JIS 60E種	TAP6400E	Ti-6Al-4V ELI	焼なまし	755以上	825以上	10以上	高強度で耐食性に優れ，極低温までじん性を維持する。低温および極低温用にも使える構造材。例えば，有人深海調査船の耐圧容器，医療材料など。	ASTM Gr.23
β型	JIS 80種	TAP4220	Ti-4Al-22V	溶体化	850以下	640～900	10以上	高強度で耐食性に優れ，冷間加工性がよい。時効硬化性が大きい。自動車用エンジンリテーナー，ゴルフクラブのヘッドなど。	—
	15-3-3-3	—	Ti-15V-3Al-3Cr-3Sn	溶体化	690～835	745～945	12以上	高強度で耐食性に優れ，冷間加工性がよい。時効硬化性が大きい。ゴルフクラブのヘッドなど。	AMS 4914
				溶体化時効	965～1170	1000以上	7以上		

低く，低温ではぜい性破壊を起こす懸念がある。

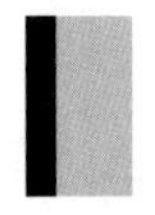

1.2.4　チタンおよびチタン合金の性質

（1）金属学的性質

チタンは，885℃で変態して結晶構造（結晶の原子配列）が変化する。変態点以下の温度では，図1.1(a) に示すような稠密六方晶（hcp構造）となり，

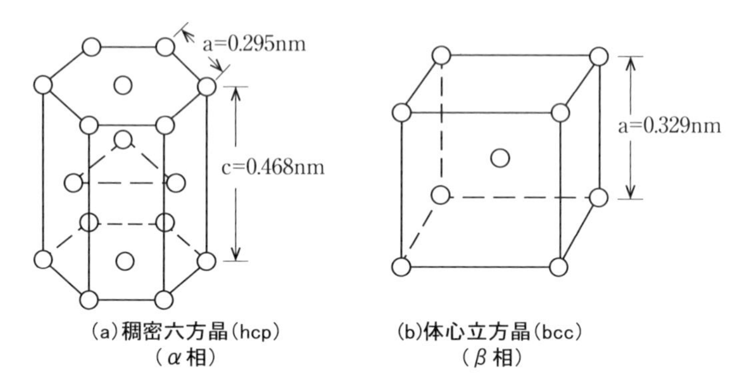

図1.1　チタンの結晶構造

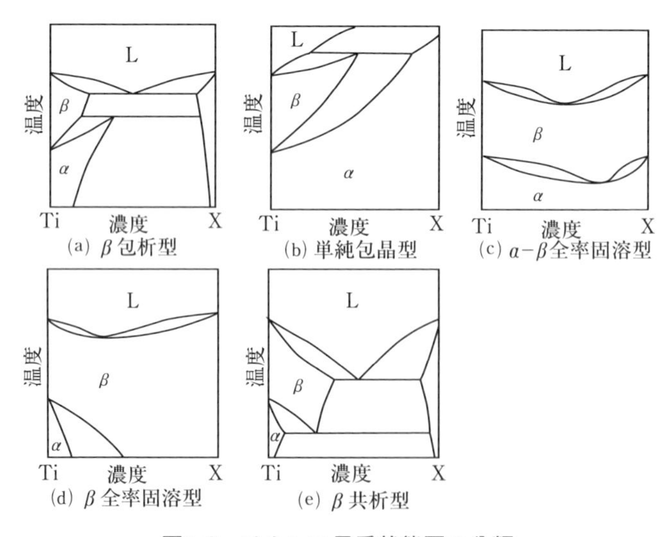

図1.2　チタン二元系状態図の分類

α相と呼ばれる。それに対し，変態点以上の温度では，図1.1(b) に示すような体心立方晶（bcc構造）となり，β相と呼ばれる。

ところで，チタンおよびチタン合金は，常温における金属組織の違いによって，α型，near α型，β型およびα＋β型に大別されることを述べてきたが，このような金属組織（結晶構造）は，添加する元素の種類と量によって決まる。そこで，添加元素によるチタン二元系状態図の分類を図1.2[9] に示す。AlやSnおよびCをTiに添加すると，図1.2(a) に示すβ包析型となり，低温で安定なα相が高温まで安定化される。また，侵入型元素であるOやNをTiに添加すると，図1.2(b) に示す単純包晶型となって，高温までα相が安定となる。この場合，α相へのOの固溶限は13.5 mass%(31.9 at%)，Nの固溶限は8.8 mass%(24.7 at%)とかなり多い。このように，高温までα相を安定にする元素をα安定化元素という。

一方，Mo，V，Nb，TaなどをTiに添加すると，図1.2(d) に示すβ全率固溶型となり，高温で安定なβ相を低温まで安定化させることができる。また，Co，Cr，Fe，Mn，NiなどをTiに添加すると，図1.2(e) に示すβ共析型となり，β相への固溶限はβ全率固溶型を示す元素に比べると小さいが，低温までβ相を安定にする。このように，低温までβ相を安定にする元素をβ安定化元素という。また，Tiと同族（Ⅳa族）のZrやHfをTiに添加すると，図1.2(c) に示すα-β全率固溶型となり，α相およびβ相の生成にほとんど影響を及ぼさないことから，このような元素は中性元素といわれる。

チタン合金では，α相とβ相の量比によって特性が異なることから，実用合金では，用途に応じて添加元素を調整し，α相とβ相の量比や金属組織が制御されている。すなわち，α型合金は，α安定化元素であるAlおよびSnならびに中性元素であるZrを添加することで組織制御されており，$\alpha + \beta$型合金では，Alなどのα安定化元素とVやMoなどのβ安定化元素の両方を添加することで，α相とβ相が室温で適切な量比となるように成分設計されている。また，β型合金は，β安定化元素であるV，Mo，Nbなどを1つまたは複数添加し，中性元素のZrやα安定化元素のAlを適切な量添加することで，室温においてβ単相となる組成，または，β単相域から急冷しても室温において準安定β相が残留する組成となるように成分設計されている。

ところで，チタンおよびチタン合金は溶融状態および高温では非常に活性で，多くの元素と激しく反応する。そのため，OやNが固溶範囲を超えて添加されると，酸化チタンや窒化チタンが生成され，また，Feなどが多く添加されるとTiFeなどの金属間化合物が生成される。

(2) 物理的性質

1.1.3(1) の表1.1に代表的なチタンおよびチタン合金の物理的性質を他の金属材料と比較して示したが，この中で線膨張係数は，ステンレス鋼や炭素鋼などの鉄鋼材料やアルミニウムに比べてかなり小さい。これは，チタン材料が他の金属材料に比べて，温度変化による膨張収縮が小さく，熱変形が起こりにくいことを示している。このため，チタンは屋根などの建築材料やモニュメントなどに適用しやすく，また，溶接による熱変形や熱ひずみの発生も小さいため，溶接性は良好である。

また，チタン材料の熱伝導率も，他の金属材料に比べて小さい。これは，チタン材料が他の金属材料に比べて，熱が逃げにくく，熱がこもりやすいことを示している。チタンを手で触った時に冷感を感じにくく，手触りが良いのは，この熱伝導率が小さい性質に起因しており，このことから，チタンは手すりやハンドルなどに適用されている。また，熱効率も良いため，フライパンや鍋などの調理器具にも適用されている。さらに，溶接に際しては，熱が逃げにくいことから，他の金属材料よりも小さい入熱で溶接が可能となるため，溶接性も良好といえる。しかし，切削加工などでは，刃が焼き付きやすいという欠点がある。

チタン材料のヤング率は，鉄鋼材料のヤング率の約1/2と小さい。これは，鉄鋼材料に比べて，弾性変形が大きく，大きくたわむことを示している。そのため，曲げ加工などの際に，鉄鋼材料よりスプリングバックが大きくなり，いったん変形が生じると，矯正しにくい。また，溶接に際しては，小さい線膨張係数によって熱変形は小さいものの，大きなスプリングバックによって溶接ひずみが問題となる場合もある。

(3) 機械的性質

表1.4に示したように，純チタンの引張強さは270～750MPaであり，チタン合金では合金元素の添加量や熱処理によって，引張強さはさらに上昇する。一方，表1.1に示したように，チタンの密度は，鉄鋼材料の約60%と小さい。単位重量当たりの強度は，比強度と呼ばれ，軽くて強い材料を検討するときの指標となる。そこで，代表的な金属材料の比強度を表1.5[2]に示す。なお，表中の

表1.5　代表的な金属材料の比強度

金属材料の種類		引張強さ (MPa)	密度 (g/cm^3)	比強度 (kN･m/kg)
チタン	純チタン２種	340	4.51	75
	Ti-6Al-4V	895	4.43	202
鉄鋼	炭素鋼	400	7.85	51
	オーステナイト系ステンレス鋼 SUS304	590	7.93	74
	高張力鋼 HT780	780	7.85	99
アルミニウム	純アルミニウム	50	2.71	18
	アルミニウム合金 A7075	495	2.80	177

※引張強さは規格範囲の最低値

引張強さは規格範囲の最低値を用いている。純チタン（２種）の比強度は，一般構造用圧延鋼（SS400）に比べて高く，チタン合金（Ti-6Al-4V）の比強度は200 kN･m/kg以上となり，他の金属材料に比べてきわめて高い。このように，比強度の高いチタン材料，特にチタン合金は，軽くかつ強いために，航空機の機体およびエンジン，人工衛星，スポーツ用品などに有利な材料となる。

一方，前述したように，チタン材料は溶融状態および高温では非常に活性なために，OやNと反応して酸化チタンや窒化チタンが生成されると，硬化して著しくぜい化する。また，O，N，Hガスや水などと著しく反応すると，ブローホールの原因ともなり，じん性が低下する場合もある。また，Feなどが過剰に添加されてTiFeのような金属間化合物が生成されるとじん性は著しく低下する。

（4）熱処理

チタンおよびチタン合金は，加工組織の回復や強度上昇，延性やじん性の改善を目的に種々の熱処理が施される。

焼なまし（焼鈍）処理は，内部ひずみの除去や加工組織の軟化を目的とした熱処理である。純チタンや α 型合金では，α 単相温度域の高温（約650～

815℃）に加熱して，α相中で十分回復・再結晶を起こさせた後に，室温まで空冷または炉冷する。この時，相変態は関与しないので，冷却速度による金属組織や特性の変化は少ない。α＋β型合金ではα＋β二相温度域（約700～790℃），β型合金では基本的にβ単相温度域（約700～790℃）で焼なまし処理を行う。

溶体化処理は，合金元素を均一固溶させた後，室温まで急冷することで，準安定β相を得る熱処理である。α＋β型合金ではα＋β二相温度域，β型合金ではβ単相温度域またはα＋β二相温度域で一定時間保持させた後，急冷を行う。

時効処理は，溶体化処理したα＋β型合金およびβ型合金をα＋β二相温度域（480～595℃程度）で保持して，準安定β相からα相を微細析出させ，強度を上げる熱処理である。

（5）耐食性

チタンおよびチタン合金は，種々の環境において優れた耐食性を有するため，反応容器，熱交換器などの化学分野や復水器，タービンブレードなどのエネルギー分野などに使用されている。この優れた耐食性は，チタンの表面に，チタン酸化物（主としてTiO_2）からなる安定で保護性に優れた厚さ約4nm程度の薄い酸化皮膜（不動態皮膜）が生成されるためである。

金属材料を腐食環境中に自然浸漬した場合に，腐食が発生する電位を自然電位（または，腐食電位）と呼び，一般的には自然電位の大きい（貴な）方が腐食は発生しにくい。例えば，常温の海水中における各種金属の自然電位を図1.3 [10)] に示すが，チタンは，この緻密で安定な不動態皮膜によって，自然電位は約$0\,V_{SCE}$と他の金属より高く，腐食が発生しにくいことがわかる。また，各種環境中での金属材料の耐食性を表1.6 [6,9,11)] に示すが，チタンは多くの腐食環境で優れた耐食性を示す。特に，ステンレス鋼では粒界腐食が発生する海水などの塩化物環境において，純チタンは粒界腐食を生じない。また，塩化物環境においては，塩化物イオン（ハロゲンイオン）が不動態皮膜を局所的に破壊し，ステンレス鋼などでは孔食が発生することがあるが，チタンの不働態皮膜は，ステンレス鋼などの不働態皮膜に比べて緻密で安定なため，孔食は起こりにくく，

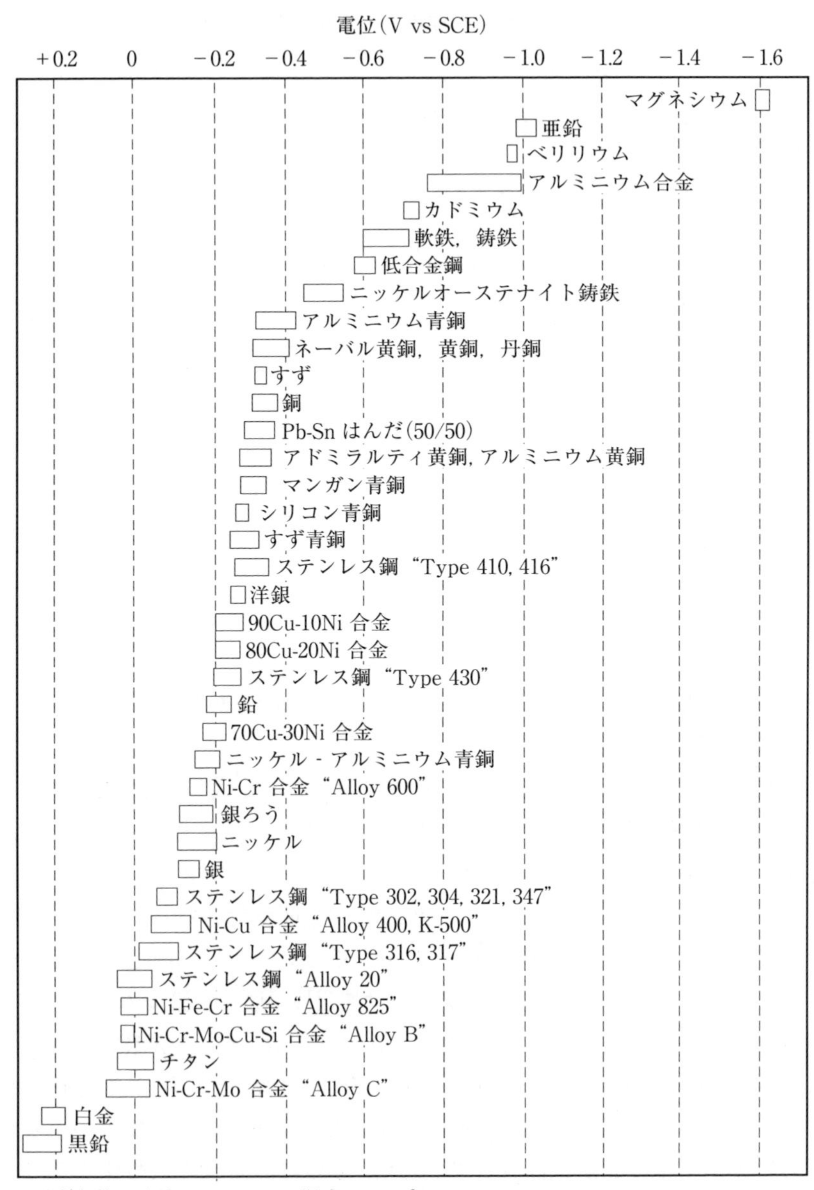

測定条件：流速 2.4〜4.0m/s, 温度 10〜27℃

図1.3　常温の海水中における各種金属の自然電位

表1.6　各種腐食環境での金属材料の耐食性

腐食環境			純チタン JIS2種	ステンレス鋼 SUS304	Ni基合金 ハステロイC
腐食媒	濃度(%)	温度(℃)			
塩化ナトリウム(海水)	10	24	◎	○*	○
	40	100	◎*	×	△
塩化第二鉄	30	24	◎	×	◎
	10	100	◎	×	×
硝酸	10	24	◎	◎	◎
	50	100	◎	○	×
塩酸	10	24	○	×	◎
	30	24	×	×	◎
硫酸	50	24	×	×	◎
水酸化ナトリウム	40	24	◎	◎	◎
	40	100	×	△	◎
フッ化水素	5	30	×	×	△

腐食減量　◎:<0.127　○:<0.127～0.508　△:<0.508～1.27　×:>1.27(mm／年)
＊は孔食、すき間腐食が発生

海水中で孔食は起こさない。すなわち，チタンは塩化物環境，特に海水にはきわめて高い耐食性を有する。

しかし，チタンといえどもその耐食性は完全ではなく，使用する環境条件によっては，腐食損傷が生じることがある。例えば，チタンの表面にすき間部が存在すると，すき間部ではpHが低下し，塩化物イオンが濃縮されるため，純チタンでも不動態皮膜が局所的に破壊され，すき間腐食が発生することがある。そこで，このようなすき間腐食性を改善するため，Ti-0.15Pdなどの耐食チタン合金が開発されている。また，チタンは酸化性の強い高濃度の硝酸中においても安定な不動態皮膜が生成し，優れた耐食性を示すが，非酸化性の塩酸や硫酸中では不動態皮膜が不安定となるため，全面腐食が起こり，十分な耐食性は期待できない。また，Feの含有量が増すことによって，硫酸中での耐食性はさらに低下することが報告されている[6)]。さらに，高温の水酸化ナトリウム(NaOH)などのアルカリやフッ化水素に対しても十分な耐食性を有していない。

ところで，優れた耐食性を有するチタンは，低コスト化などを目的に，他の金属材料と組み合わせて使用される場合がある。このように異種金属が接触した場合，異種金属間の電気化学反応により，自然電位が小さい（卑な）金属の溶解が加速され，優先的に腐食する異種金属接触腐食（ガルバニック腐食）を生じる場合がある。なお，図1.3に示したように，チタンの自然電位は高いため，ガルバニック腐食は，チタンに接触した他の金属（チタンより自然電位が卑な金属）側で発生することがほとんどである。ただし，この際のチタン側ではカソード反応で水素が発生し，この水素がチタンに吸収されるとTiH_2が生成して水素ぜい化を生じる場合があるので，注意が必要である。このようなガルバニック腐食を防止する方法としては，①チタンとの自然電位差が小さい金属材料を選定する，②自然電位の小さい金属の面積を小さくし過ぎない，③異種金属間を絶縁する，④異種金属接触部の付近を塗装などにより環境から遮断する，などが挙げられる。

(6) 耐アレルギー性

チタンは，金属アレルギーを起こしにくく，生体組織に対する界面化学的適合性が高い（生体適合性が高い）材料である。そのため，チタンは，ピアス，ネックレスなどのアクセサリーや腕時計，さらには，体内に埋め込む人工骨や人工関節，人工歯根など多くの医療用材料として用いられている。

チタンが生体組織に対して高い適合性を有する要因の1つとして，チタンの表面には不働態皮膜が形成され，高い耐食性を有するため，人体内でも耐食性が高く，人体中に溶出しにくい，もしくは，生体分子と反応しにくいため，毒性が低いことが報告されている[12]。さらに，その他の要因としては，不動態皮膜上でのたんぱく質の吸収[13]やリン酸カルシウムの生成[10]なども影響を及ぼしていると考えられている。また，チタンは表1.1に示したようにヤング率が小さく，皮質骨のヤング率と近いため，チタンは生体材料として力学的適合性にも優れている。

ところで，不動態皮膜の主体である酸化チタン（TiO_2）は光触媒作用を有する。この光触媒作用による有機物分解能を用いて，粉末TiO_2はチタン製インプラントの抗菌化に活かされている。

(7) 発色性

チタンは表面形成された皮膜を利用して発色させることができるため，モニュメントやアクセサリー，建築物の屋根材・壁材，二輪車のマフラーなどに使用されている。チタンの発色は，図1.4[2)] に示すように，表面皮膜を透過した光の回折現象に起因するものであり，皮膜の膜厚によって変わる光の位相差（反射光の干渉作用）で発色する色が決まる。この表面皮膜の形成には，陽極酸化法や窒化法，酸化法が適用され，電圧，温度，時間などで皮膜の厚さが調整される。なお，これらの方法で形成した表面皮膜は，上述した不動態皮膜とは異なり，緻密ではないため内部の保護性（耐食性）を有しない。また，皮膜そのものは無色であるが，膜厚が厚くなるにしたがい，銀色，金色（麦色），紫，青と変化して見えるようになる。JIS Z 3805「チタン溶接技術検定における試験方法及び判定基準」に規定されている溶接部の外観検査における表面変色の判定は，この原理に従って表面被膜の厚さの大小を推定したものである。

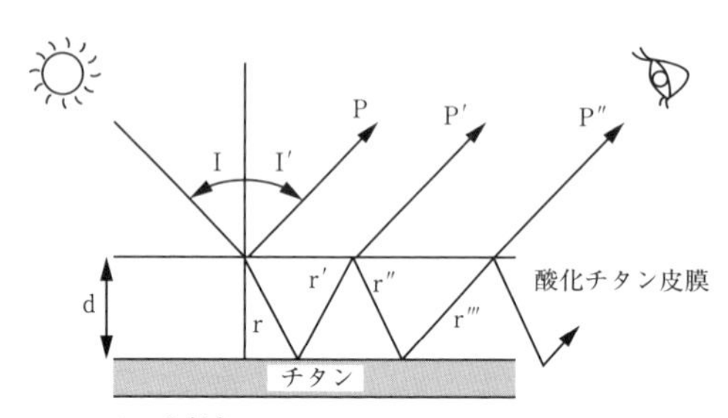

図1.4　チタン発色の原理

【参考文献】

1）日本チタン協会HP：https://www.titan-japan.com/technology/physical_properties.html
2）上瀧洋明：チタンの溶接技術 第2版，日刊工業新聞社（2011）
3）日本溶接協会編：新版JISステンレス鋼溶接受験の手引，産報出版（2017）
4）Kathleen L. Housley : Black Sand, Metal Management Aerospace, Inc 2007
5）鈴木敏之・森口康夫：チタンのおはなし、日本規格協会1995
6）日本チタン協会編：チタン溶接トラブル事例集，産報出版（2019）
7）日本産業規格：JIS H 4600-2012 チタン及びチタン合金－板及び条
8）日本チタン協会HP：https://www.titan-japan.com/technology/titanium.html
9）新家光雄，他 編著：チタンの基礎と応用，内田老鶴圃（2023）
10）F. L. LaQue：Marine Corrosion Causes and Prevention, John Wiley and Sons（1975）
11）日本チタン協会HP：https://www.titan-japan.com/technology/corrosion_resistance.html
12）塙隆夫：軽金属, vol.68（2018）, 444
13）J. E. Sundgren, et. Al.：Journal Colloid Interface Science, vol.113（1986）, 530

2 チタンおよびチタン合金の溶接・接合法

2.1 アーク溶接の概要

チタンおよびチタン合金の溶接・接合には，図2.1に示すように他の金属と同様に溶接，ろう接，固相接合，機械接合などの方法が用いられる。[1] これらの溶接・接合方法の中で広い分野で使用されているのは，アーク溶接である。

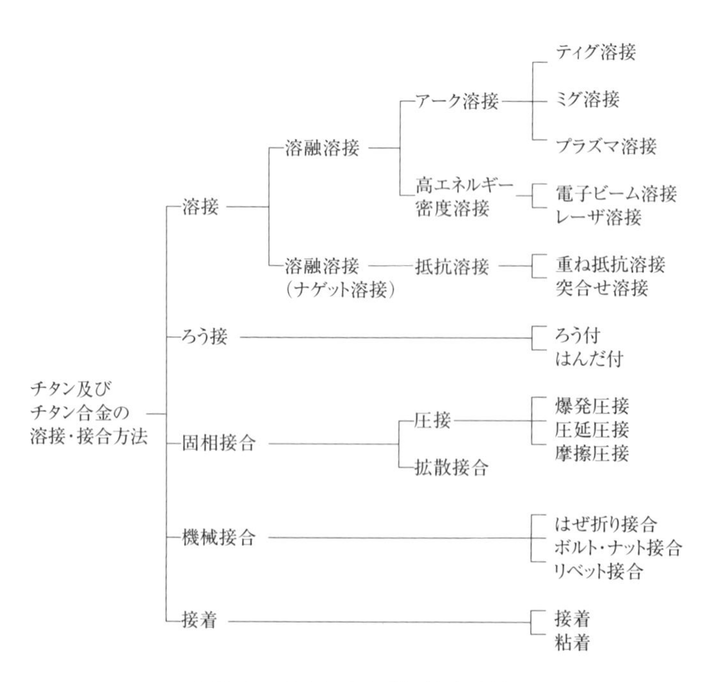

図2.1　チタンの溶接・接合方法

3.2項に示すように，アークは電気の放電現象で，数千℃～１万数千℃もの高温の電離気体（プラズマ）である。アーク溶接では電極または電極に相当する溶加材と母材の間に発生させたアークによる「アーク熱」と電極の溶加材に発生した「電極発熱」の２つの熱を利用して母材と溶加材を溶融させ溶接（融接）する。[2)]

アーク溶接には，電極自身が溶融して溶接金属を得る方式（溶極式）と，電極は溶融せず外から溶加材を加えて溶接金属を得る方式（非溶極式）とがある。チタンおよびチタン合金の溶接には，主として非溶極式のティグ溶接，プラズマ溶接（電極には通常タングステンを用い，チタン溶加材を加える），および溶極式のミグ溶接（電極にはチタン溶加材を用いる）が使用される。

2.2 ティグ溶接

2.2.1　溶接の原理と溶接設備

ティグ溶接には，アークにより母材を溶融し，溶加材なしで溶接する方法（なめ付け溶接，共付け溶接またはノンフィラー溶接ともいう）と溶加材を加えて溶接する方法（フィラー溶接ともいう）がある。溶加材を添加するティグ溶接の概念図を図2.2[3)]に示す。

また，フィラー溶接において溶加棒を手で送給する方式をティグ手溶接，手で操作するトーチからワイヤを自動送給する方式をティグ半自動溶接，トーチの操作も自動で行う方式をティグ自動溶接という。ティグ溶接設備は直流電源，ガス供給器，溶接トーチなどからなる。自動溶接や半自動溶接の場合はワイヤ供給装置なども必要である。

チタンおよびチタン合金のアーク溶接においては，チタンの高温での反応性が高いため，シールドガスおよびシールド方法がきわめて重要であり，シールドガスとしてアルゴン（時にヘリウムを一部または100%）を使用する。また，アルゴンに活性ガスなどの混合は行わない。

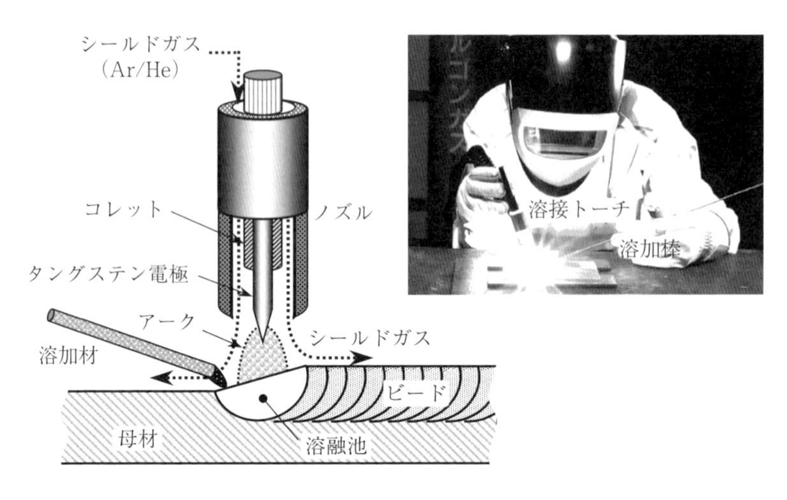

図2.2　ティグ溶接の概念図

表3.2に示すように，タングステン電極棒は，JIS Z 3233「イナートガス溶接ならびにプラズマ切断及び溶接用タングステン電極」に規定されており，純タングステン電極棒や1～2%程度のトリウム，ランタンやセリウムなどの酸化物を添加したタングステン電極棒がある。極性は，深い溶込みが得られる電極マイナスを用いる。電極棒径の範囲はϕ0.5～10.0mmであり，使用する溶接電流に合わせて棒径を選ぶ。チタンティグ溶接で使用する電流は一般に，電極棒径がϕ0.8mmで20A～40A，ϕ1.6mmで50～60A，ϕ2.4mmで70～120A，ϕ3.2mmで100～150Aである。[4)]

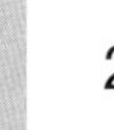

2.2.2　溶接の特徴

ティグ溶接は，数十Aから数百Aの広い範囲できわめて安定したアークを得ることができ，極薄板から厚板まで幅広く溶接を行える。溶接電流と溶加材の供給量を別々に調整できるので，溶接姿勢や開先形状に応じた最適の条件を選ぶことができ，全姿勢溶接に最も適している。また，突合せ継手において安定した裏波ビードが得られるので，パイプなどの外面側からしか溶接できない場合にも適している。板厚が薄い場合は溶加材なしでも突合せ溶接ができ，裏波ビードを出すこともできるので，配管などの薄肉小径パイプは，溶加材を使わずに小型の自動溶接機で溶接が可能である。

ティグ溶接は，シールドガスに不活性ガスだけを使うので，滑らかで光沢のあるビードを得ることができ，溶接金属の清浄度が高く，耐食性やじん性にも優れている。また，融合不良やブローホールなどの溶接欠陥も発生しにくく，各種溶接法の中で最も高品質な溶接部特性が得られる溶接方法の１つである。

2.2.3　溶接材料

チタンおよびチタン合金の溶接においてはフラックスを使わない。溶加材はソリッド溶加棒またはソリッドワイヤを使用し，原則としてJIS Z 3331「チタンおよびチタン合金溶接用の溶加棒及びソリッドワイヤ」に定められたものを用いる。チタン溶接用溶加材の化学成分を**表2.1**[5] に示す。

溶加材の種類は「STi×××」で表記され，「S」は棒およびワイヤを，「Ti」はチタンまたはチタン合金を，４桁の数用字は棒およびワイヤの種類を表し，42種類が規定されている。JIS Z 3331における溶加材の化学成分は，ISO 24034との整合性を考慮した成分系をとりつつ，日本において多く使用されている旧JIS Z 3331の成分系も，溶加材名の末尾にJを付け，規格に取り入れている。

表2.2にチタンおよびチタン合金溶加材と適用する母材例の組合せを示す。ティグ溶接およびミグ溶接においては，原則として母材と同種成分の溶加棒または溶接ワイヤを使用する。特別にチタン同士の異種成分，例えばチタン１種と２種，またはチタン合金とチタン２種などを溶接する場合は，合金元素の少ない方の成分系の溶加材を使用する。一致した成分がない場合は，近い成分系の溶加材を用いる。

チタンおよびチタン合金のティグ手溶接では，一般的に長さ1,000mmの溶加棒を使用する。代表的な直径寸法は1.2mm，1.6mm，2.0mm，2.4mm，3.2mmである。母材の成分系に適合した規格の溶加材がない場合には，板材を適切な

表2.1 チタン溶接用溶加材の化学成分[5)]

単位%（質量分率）

種類	化学成分表記による記号	化学成分a),b)									JIS Z 3331:2002（参考）	
		C	O	N	H	Fe	Al	V	Sn	その他	棒	ワイヤ
S Ti 0100	Ti99.8	0.03以下	0.03～0.10	0.012以下	0.005以下	0.08以下	–	–	–	–	–	–
S Ti 0100J	Ti99.8J	0.03以下	0.10以下	0.02以下	0.008以下	0.20以下	–	–	–	–	YTB 270	YTW 270
S Ti 0120	Ti99.6	0.03以下	0.08～0.16	0.015以下	0.008以下	0.12以下	–	–	–	–	–	–
S Ti 0120J	Ti99.z6J	0.03以下	0.15以下	0.02以下	0.008以下	0.20以下	–	–	–	–	YTB 340	YTW 340
S Ti 0125	Ti99.5	0.03以下	0.13～0.20	0.02以下	0.008以下	0.16以下	–	–	–	–	–	–
S Ti 0125J	Ti99.5J	0.03以下	0.25以下	0.02以下	0.008以下	0.30以下	–	–	–	–	YTB 480	YTW 480
S Ti 0130	Ti99.3	0.03以下	0.18～0.32	0.025以下	0.008以下	0.25以下	–	–	–	–	–	–
S Ti 0130J	Ti99.3J	0.03以下	0.35以下	0.02以下	0.008以下	0.30以下	–	–	–	–	YTB 550	YTW 550
S Ti 2251	TiPd0.2	0.03以下	0.03～0.10	0.012以下	0.005以下	0.08以下	–	–	–	Pd: 0.12～0.25	–	–
S Ti 2251J	TiPd0.2J	0.03以下	0.10以下	0.02以下	0.008以下	0.20以下	–	–	–	Pd: 0.12～0.25	YTB 270Pd	YTW 270Pd
S Ti 2253	TiPd0.06	0.03以下	0.03～0.10	0.012以下	0.005以下	0.08以下	–	–	–	Pd:0.04～0.08	–	–
S Ti 2255	TiRu0.1	0.03以下	0.03～0.10	0.012以下	0.005以下	0.08以下	–	–	–	Ru:0.08～0.14	–	–
S Ti 2401	TiPd0.2A	0.03以下	0.08～0.16	0.015以下	0.008以下	0.12以下	–	–	–	Pd: 0.12～0.25	–	–
S Ti 2401J	TiPd0.2AJ	0.03以下	0.15以下	0.02以下	0.008以下	0.20以下	–	–	–	Pd: 0.12～0.25	YTB 340Pd	YTW 340Pd
S Ti 2402J	TiPd0.2BJ	0.03以下	0.25以下	0.02以下	0.008以下	0.30以下	–	–	–	Pd: 0.12～0.25	YTB 480Pd	YTW 480Pd
S Ti 2403	TiPd0.06A	0.03以下	0.08～0.16	0.015以下	0.008以下	0.12以下	–	–	–	Pd: 0.04～0.08	–	–
S Ti 2405	TiRu0.1A	0.03以下	0.08～0.16	0.015以下	0.008以下	0.12以下	–	–	–	Ru:0.08～0.14	–	–
S Ti 3401	TiNi0.7Mo0.3	0.03以下	0.08～0.16	0.015以下	0.008以下	0.15以下	–	–	–	Mo:0.2～0.4 Ni:0.6～0.9	–	–
S Ti 3416	TiRu0.05Ni0.5	0.03以下	0.13～0.20	0.02以下	0.008以下	0.16以下	–	–	–	Ru:0.04～0.06 Ni:0.4～0.6	–	–
S Ti 3423	TiNi0.5	0.03以下	0.03～0.10	0.012以下	0.005以下	0.08以下	–	–	–	Ru:0.04～0.06 Ni:0.4～0.6	–	–
S Ti 3424	TiNi0.5A	0.03以下	0.08～0.16	0.015以下	0.008以下	0.12以下	–	–	–	Ru:0.04～0.06 Ni:0.4～0.6	–	–
S Ti 3443	TiNi0.45 Cr 0.15	0.03以下	0.08～0.16	0.015以下	0.008以下	0.12以下	–	–	–	Pd:0.01～0.02 Ru:0.02～0.04 Cr:0.1～0.2 Ni:0.35～0.55	–	–

種類	化学成分表記による記号	化学成分a),b)									JIS Z 3331:2002(参考)	
		C	O	N	H	Fe	Al	V	Sn	その他	棒	ワイヤ
S Ti 3444	TiNi0.45 Cr 0.15A	0.03以下	0.13～0.20	0.02以下	0.008以下	0.16以下	–	–	–	Pd:0.01 ～0.02 Ru:0.02 ～0.04 Cr:0.1～0.2 Ni:0.35 ～0.55	–	–
S Ti 3531	TiCo0.5	0.03以下	0.08～0.16	0.015以下	0.008以下	0.12以下	–	–	–	Pd:0.04 ～0.08 Co:0.20 ～0.80	–	–
S Ti 3533	TiCo0.5A	0.03以下	0.13～0.20	0.02以下	0.008以下	0.16以下	–	–	–	Pd:0.04 ～0.08 Co:0.20 ～0.80	–	–
S Ti 4621	TiAl6Zr4 Mo2Sn2	0.04以下	0.30以下	0.015以下	0.15以下	0.05以下	5.50～6.50	–	1.80～2.20	Zr:3.60 ～4.40 Mo:1.80 ～2.20 Cr:0.25 以下	–	–
S Ti 4810	TiAl8V1 Mo1	0.08以下	0.12以下	0.05以下	0.01以下	0.30以下	7.35～8.35	0.75～1.25	–	Mo:0.75 ～1.25	–	–
S Ti 5112	TiAl5V1Sn 1Mo1Zr1	0.03以下	0.05～0.10	0.012以下	0.008以下	0.20以下	4.5～5.5	0.6～1.4	0.6～1.4	Mo:0.6～1.2 Zr:0.6～1.4 Si :0.06 ～0.14	–	–
S Ti 5250J	TiAl5Sn2.5J	0.10以下	0.20以下	0.05以下	0.020以下	0.50以下	4.0～6.0	–	2.0～3.0	–	YTAB 5250	YTAW 5250
S Ti 6320	TiAl3V2.5	0.03以下	0.08～0.16	0.020以下	0.008以下	0.25以下	2.5～3.5	2.0～3.0	–	–	–	–
S Ti 6321	TiAl3V2.5 A	0.03以下	0.06～0.12	0.012以下	0.005以下	0.20以下	2.5～3.5	2.0～3.0	–	–	–	–
S Ti 6321J	TiAl3V2.5 AJ	0.05以下	0.12以下	0.02以下	0.012 5 以下	0.30以下	2.5～3.5	2.0～3.0	–	–	YTAB 3250	YTAW 3250
S Ti 6324	TiAl3V2.5 Ru	0.03以下	0.06～0.12	0.012以下	0.005以下	0.20以下	2.5～3.5	2.0～3.0	–	Ru:0.08 ～0.14	–	–
S Ti 6326	TiAl3V2.5	Pd	0.03以下	0.06～0.12	0.012以下	0.005以下	0.20以下	2.5～3.5	2.0～3.0	–	Pd:0.04 ～0.08	–
S Ti 6400	TiAl6V4	0.05以下	0.12～0.20	0.030以下	0.015以下	0.22以下	5.5～6.7	3.5～4.5	–	–	–	–
S Ti 6400J	TiAl6V4J	0.10以下	0.20以下	0.05以下	0.012 5 以下	0.30以下	5.50～6.75	3.5～4.5	–	–	YTAB 6400	YTAW 6400
S Ti 6402	TiAl6V4B	0.03以下	0.08以下	0.012以下	0.005以下	0.15以下	5.50～6.75	3.50～4.50	–	–	–	–
S Ti 6408	TiAl6V4A	0.03以下	0.03～0.11	0.012以下	0.005以下	0.20以下	5.5～6.5	3.5～4.5	–	–	–	–
S Ti 6408J TiAl6V4AJ	0.08以下	0.13以下	0.05以下	0.012 5 以下	0.25以下	5.5～6.5	3.5～4.5	–	–	YTAB 6400E	YTAW 6400E	
S Ti 6413	TiAl6V4Ni 0.5Pd	0.05以下	0.12～0.20	0.030以下	0.015以下	0.22以下	5.5～6.7	3.5～4.5	–	Ni:0.3～0.8 Pd:0.04 ～0.08	–	–
S Ti 6414	TiAl6V4Ru	0.03以下	0.03～0.11	0.012以下	0.005以下	0.20以下	5.5～6.5	3.5～4.5	–	Ru:0.08 ～0.14	–	–
S Ti 6415	TiAl6V4Pd	0.05以下	0.12～0.20	0.030以下	0.015以下	0.22以下	5.5～6.7	3.5～4.5	–	Pd:0.04 ～0.08	–	–

注 a）チタン以外の元素であって，この表で規定しない元素を箇条6の方法で検出した場合又は意図的に添加した場合は，それらの成分の合計は，0.20%（質量分率）以下，単独で0.05%（質量分率）以下でなければならない。
イットリウムは，0.005 %（質量分率）以下でなければならない。
なお，それらの成分は，購入者から特別の要求がない限り，報告する必要はない。

b）残部の元素は，チタンからなる。

表2.2　チタンおよびチタン合金溶加材と適用する母材例

溶加材の種類	主な適用母材	
	種類	引張強さa) MPa
S Ti 0100 S Ti 0100J	JIS 1種	270～410
S Ti 0120 S Ti 0120J	JIS 2種	340～510
S Ti 0125 S Ti 0125J	JIS 3種	480～620
S Ti 0130 S Ti 0130J	JIS 4種	550～750
S Ti 2251	JIS 11種	270～410
S Ti 2253	JIS 17種	240～380
S Ti 2255	ASTM Grade 27	−
S Ti 2401 S Ti 2401J	JIS 12種	340～510
S Ti 2402J	JIS 13種	480～620
S Ti 2403	JIS 18種	345～515
S Ti 2405	ASTM Grade 26 ASTM Grade 26H	−
S Ti 3401	ASTM Grade 12	−
S Ti 3416	JIS 23種	483～630
S Ti 3423	JIS 21種	275～450
S Ti 3424	JIS 22種	410～530
S Ti 3443	JIS 14種	345以上
S Ti 3444	JIS 15種	450以上
S Ti 3531	JIS 19種	345～515
S Ti 3533	JIS 20種	450～590
S Ti 5112	ASTM Grade 32	−
S Ti 5250J	ASTM Grade 6	−
S Ti 6320	JIS 61種	620以上
S Ti 6321 S Ti 6321J	JIS 61種	620以上
S Ti 6324	ASTM Grade 28	−
S Ti 6326	ASTM Grade 18	−
S Ti 6400 S Ti 6400J	JIS 60種	895以上
S Ti 6402	JIS 60E種	825以上
S Ti 6408 S Ti 6408J	JIS 60E種	825以上
S Ti 6413	ASTM Grade 25	−
S Ti 6414	ASTM Grade 29	−
S Ti 6415	ASTM Grade 24	−

注記：この表に記載されていない母材に適用する棒およびワイヤは，母材の化学成分に近いものを選択するのが一般的である。
注a)　引張強さは，JIS H 4600による。

形状および寸法に切断して角棒として使用する。ティグ半自動溶接およびティグ自動溶接には，溶接ワイヤを使用する。溶接ワイヤ径の代表的な寸法は，0.8mm，1.0mm，1.2mm，1.6mm，2.0mm，2.4mm，3.2mmである。これらの溶接ワイヤは後述のミグ溶接にも使用し，巻き癖が少ない直線性が良いワイヤを使用する。

2.3 ミグ溶接

2.3.1　溶接の原理と溶接設備

図2.3にミグ溶接の原理[3)]を示す。

溶接設備は，定電圧特性の直流電源，ワイヤ供給装置，ガス供給器（ボンベなど），溶接トーチなどである。直流電源にはサイリスタタイプ，インバータタイプまたはパルスタイプなどを使用する。

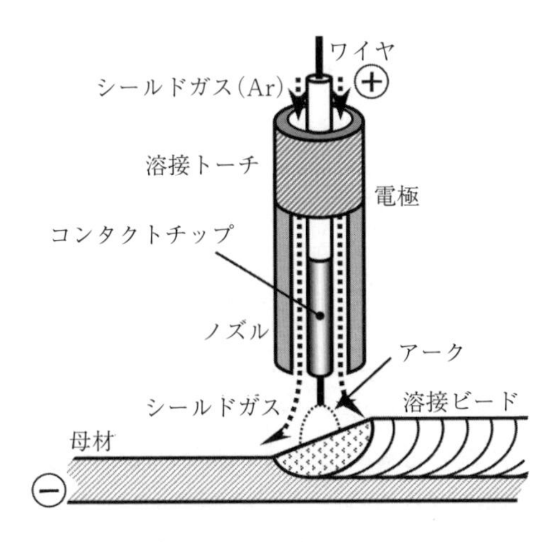

図2.3　ミグ溶接の原理

2.3.2　溶接の特徴

チタンおよびチタン合金のミグ溶接において，溶接条件の選定にはワイヤ径，溶接電流，溶接速度，パス回数，溶接順序およびシールドガス流量に留意する必要がある。溶接ビード（運棒）は原則としてストリンガービードとする。[2)]

ミグ溶接の長所として次のようなものがある。

①ティグ溶接に比べて溶着速度が速く，深い溶込みが得られ高能率である。

②連続溶接が可能である。

③簡便な装置で半自動・自動溶接が行え，ロボット溶接にも適する。

一方，短所として次のようなものがある。

①ティグ溶接に比べるとスパッタが発生しやすい。

②ティグ溶接同様，横風によりシールド性が悪くなるため，屋外作業などでは防風対策が必要である。

③ティグ溶接に比べて，複雑で細かなトーチ操作を行いにくい。

2.3.3　溶接材料

チタンおよびチタン合金のミグ溶接で使用する溶接ワイヤは，ティグ自動・半自動溶接に使用するチタンソリッドワイヤと同じで，JIS Z 3331「チタンおよびチタン合金溶接用の溶加棒およびソリッドワイヤ」に規定されている。したがって，ミグ溶接用溶接ワイヤの化学成分はティグ溶接と同じであり，**表2.1**に示す。溶接ワイヤの種類と溶接する母材の組合せもティグ溶接と同じであり**表2.2**に示す。

チタンおよびチタン合金の溶接ワイヤはすべてソリッドワイヤである。しかし，ワイヤ表面には，銅めっきや潤滑材の塗布がないため，ワイヤ送給の際の摩擦が大きく，送給性は良くない。ワイヤ送給が乱れると溶接部の品質が劣化するので作業時には安定した送給を確保する必要がある。ワイヤ送給方式にはプル式，プッシュ式およびプッシュ・プル式などがある。溶接作業時のワイヤ供給距離，供給位置，溶接条件などを考慮し，適切なワイヤ送給方式と送給条件を選択し，かつ，送給ロールの管理をする必要がある。また，溶接ワイヤは巻き癖の少ない直線性が良いワイヤを使用する。

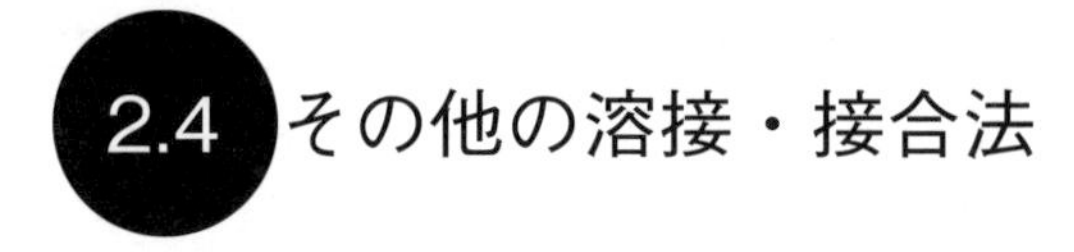

2.4 その他の溶接・接合法

2.4.1　プラズマ溶接

図2.4にプラズマ溶接の原理[3]を示す。トーチ内でノズルとタングステン電極の間でアークを発生させ，それを起点に電極と母材の間にプラズマアークを発生させる。プラズマアークは，周囲からシールドガスで冷却され，その径が収縮してエネルギー密度が高い。

プラズマアークは，アーク柱がティグアークの1/4程度に狭められているので，幅の狭い，深い溶込みが得られる。プラズマアークの直下には穴（キーホール）ができるが，すぐに溶けた金属で埋まる。高速でひずみの少ない溶接ができI形開先の突合せ溶接に利用できる。チタンおよびチタン合金の溶接の場合，シールドガスおよびパイロットガスにはアルゴン100％を用いる。プラズマ溶接では電流は直流で極性は通常電極をマイナスに設定する。

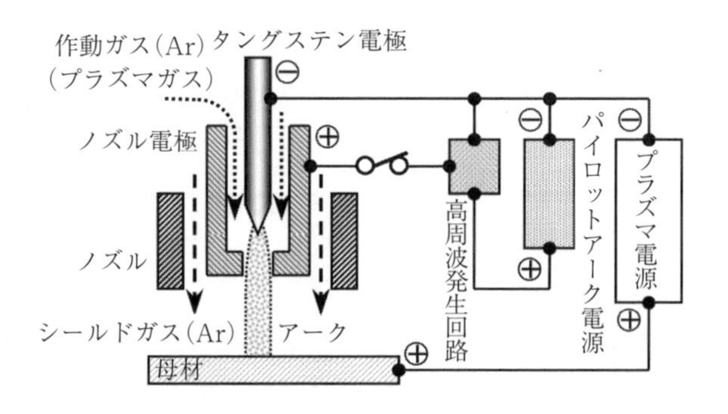

図2.4　プラズマ溶接の原理[3]

2.4.2 電子ビーム溶接

電子ビーム溶接は電子ビームの熱により母材および溶加材を加熱し溶接する方法である。後述のレーザ溶接とともに高エネルギー密度溶接に分類される。

電子ビーム溶接はその原理から真空が必要である。

電子ビーム溶接の長所は，高エネルギー密度の電子ビームを非常に狭い領域に集中できるため，高速で深溶込みの溶接ビードが得られる。また，真空中で溶接するため，活性金属であるチタンおよびチタン合金の溶接には最適である。一方で，短所としては，装置が大規模になり設備費が高いことが挙げられる。

2.4.3 レーザ溶接

レーザ溶接は，レーザ発振器で発生したレーザ光をレンズで集光し，溶接対象物に照射し溶接する方法である。レーザ溶接は，電子ビーム溶接とともに高エネルギー密度溶接に分類される。

現在実用化されている主なレーザは「炭酸ガスレーザ」，「YAGレーザ」および「ファイバレーザ」などである。一般的にレーザ溶接では大気中での溶接が可能であるが，チタンおよびチタン合金の溶接の場合，溶接中に酸化や窒化を起こしやすいため，アルゴンガスシールドが必須である。チタンおよびチタン合金のレーザ溶接の際のシールドについては，シールドジグの設計製作でもティグ溶接やミグ溶接のアーク溶接レベル以上のシールド性能が必要である。

2.4.4 抵抗溶接

抵抗溶接とは溶接しようとする材料（被溶接材という）に電流を流し接触抵抗による発熱で接合部の温度を上げ，同時に圧力を加えて接合部を局部的に溶融して接合する方式である。抵抗溶接の種類を分類すると，抵抗溶接は継手の形状により重ね抵抗溶接と突合せ溶接に分けられる。重ね抵抗溶接とは被溶接材の板を重ねて電極で加圧し通電して溶接する方法である。チタンの抵抗溶接では重ね抵抗溶接が多く使用されている。通常，チタンの抵抗溶接はシールドなしで行われる。

チタンの重ね抵抗溶接の長所を挙げると

①シールドが不要である。

②溶接条件を決定する主要因子は溶接電流，通電時間，加圧力，加圧時間および電極先端形状であり，電極先端形状以外はディジタル制御が容易なので作業性が良く溶接品質が安定している。

③溶融溶接に比べて多くの種類の異種金属との接合が可能である。

一方，短所を挙げると，母材表面には溶融部は形成されないが加圧による窪み（「圧こん」という）が発生する場合がある。

2.4.5　摩擦攪拌接合

摩擦攪拌接合とは，溶接線に沿って移動する回転ツールで発生する摩擦発熱により軟化した接合部を攪拌し，これにより起こる塑性流動を利用した接合方法である。攪拌部は溶融しないが一般に微細な再結晶粒組織となる。摩擦攪拌接合の実用化は軟化温度の低い軽金属を中心に進んできた。軟化温度の高いチタンなどは摩擦攪拌接合が可能であるが，現在のところ工具寿命が短い，または，適当な工具がない，という問題がある。

摩擦攪拌接合は以下のような長所をもっている。

①溶融溶接に比べてポロシティの発生，溶接変形や残留応力あるいはヒュームの発生がないまたは非常に少ない。

②溶融しないので接合できる異種金属の範囲が比較的広い。

一方，短所としては，チタンのように融点の高い金属に対してツールの耐久性が低いことが挙げられる。

2.4.6 爆発圧接と圧延圧接

チタンの爆発圧接（爆着）と圧延圧接は主にチタンクラッド材の製造に用いられる技術である。鉄鋼の母材にチタンを合せ材としたチタンクラッド鋼がJIS G 3603で規定されている。チタンクラッド鋼には圧延クラッド鋼と爆着クラッド鋼とがある。圧延クラッド鋼は圧延圧接により，爆着クラッド鋼は爆着によりチタン板と鋼板を接合し圧延して所要の板厚にする。

ここではチタンクラッド鋼の製造に用いられる圧延圧接と爆発圧接について説明する。チタンクラッド鋼の溶接については5.1を参照していただきたい。

(1) 圧延圧接

圧延圧接とは，チタンと鋼板を重ね所定の温度で熱間圧延によりチタンを圧接する方法である。チタンの酸化を防ぐための方法として，チタンと鋼板の周辺を溶接し接触部を真空雰囲気で圧延する方法，またはチタンと鋼板の間にインサート材を入れて大気中で熱間圧延する方法など各種の方法がある。爆着したクラッド鋼板を圧延する場合もあり，コンバージョンクラッド鋼とよばれている。

(2) 爆発圧接

爆発圧接は，火薬の爆発による衝撃圧力を利用して行う接合である。チタンと鉄鋼だけでなく多くの種類の異種金属同士の接合が可能である。溶融しないので異種金属の接合時にも金属間化合物や酸化物などがほとんど生成しない。火薬を使用するので作業環境には留意する必要がある。

爆発圧接の長所としては，

①接合部界面が溶融しないので異種金属の接合に適用できる。

②大気中で接合ができる。

③常温（冷間）接合が可能である。

などである。

一方，短所としては，爆発を利用するので特別の施設が必要である。

2.4.7　拡散接合

拡散接合は，部材を密着させ，真空中あるいは不活性ガス雰囲気中で母材の再結晶温度程度の温度条件で，塑性変形をできるだけ生じない程度に加圧して接合面間に生じる金属原子の拡散現象を利用して接合する方法である。

拡散接合では接合面の清浄化と密着が重要である。拡散接合の場合，密着させた金属の表面には空洞と酸化皮膜が存在するが，酸化皮膜は拡散接合の初期段階で酸素原子の母材への拡散により消失し，空洞は金属原子の拡散で充填され，接合が達成される。チタンおよびチタン合金の拡散接合は超塑性加工と複合して適用されることが多い。

拡散接合の長所を挙げると

①溶融溶接が困難な材料でも接合できる異種金属の種類が多い。

②中空構造物の組立に適している。

③変形許容度がきわめて小さい部品の組立に適している。

一方，短所としては下記の点が挙げられる。

①溶融溶接に比べて作業時間が長い。

②真空炉またはアルゴン雰囲気炉が必要である。

2.4.8　ろう付

ろう付とは，ろう材を用いて，母材をできるだけ溶融させない接合方法である。

チタンおよびチタン合金のろう付に使用されるろう材としては，チタンろう，銀ろうおよびアルミニウムろうがある。特に強度や耐食性を考慮する時はチタンろうが適している。ろう材の形状は，一般に粉末，箔，棒などがありろう付方法に適した形状を選択する。チタンおよびチタン合金のろう付は，真空炉または雰囲気炉で行う。雰囲気炉のガスはアルゴンを使用する。

チタンおよびチタン合金のろう付の長所は次のような点が挙げられる。

①母材を溶融させないので比較的低温で接合できる。
②接合ひずみが少ない。
③異種金属およびセラミックスなど異種材料との接合も可能である。
④広い面の接合が可能である。
⑤一度に多数箇所の接合ができる。
一方，短所としては
①接合強度が溶融溶接による場合に比べて低い。
②真空炉またはアルゴン雰囲気炉が必要である。

【参考文献】
1）上瀧洋明：チタンの溶接技術 第2版，日刊工業新聞社（2011）
2）日本溶接協会編：新版JISステンレス鋼溶接受験の手引，産報出版（2017）
3）溶接学会・日本溶接協会編：溶接・接合技術総論，産報出版（2019）
4）日本溶接協会規格：WES 7102 チタン及びチタン合金イナートガスアーク溶接作業標準
5）日本産業規格：JIS Z 3331 チタン及びチタン合金溶接用の溶加棒及びソリッドワイヤ

3 溶接機とその特性

3.1 電気の知識

3.1.1 電圧，電流，抵抗およびオームの法則

（1）電圧，電流と抵抗の関係

アーク溶接機の原理やその取扱い方に対する知識を身につけるためには，ある程度電気のことを知っておくことが必要である。電気に関する諸現象を理解するには，これを水の流れにたとえて考えるとわかりやすい。

図3.1のように，高いところにある水槽と，低いところにある水槽をつなぐと，２つの水槽の水面に水位差があるため，水は水槽の高い方から低い方へ流

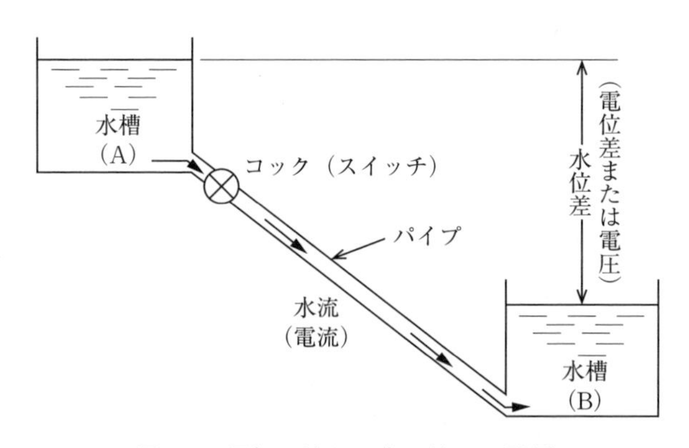

図3.1　電気の流れと水の流れの関係

れる。電気の場合も同じように，電流は電位の高い方から低い方へと流れ，水位差に相当するものを電位差または電圧といい，電圧の記号には一般に「E」を用い，単位を「V」（ボルト）で表す。

電流の記号には，一般に「I」を用い，単位を「A」（アンペア）で表す。また，パイプを通って流れる水の量は，水位差が一定であってもパイプの内径や長さによって異なり，これと同様に電気も導線の材料の種類や長さ，太さによって，電流の流れやすさが異なる。

一般に，銅やアルミニウムのように電気をよく通すものを良導体という。良導体は電線材料として使用されるが，同じ金属でも鋼やステンレス鋼などは電気の流れを妨げる性質が大きいため，電線材料としては使用されない。この電気の流れを妨げる性質を電気抵抗または単に抵抗という。

抵抗の記号には，一般に「R」を用い，単位を「Ω」（オーム）で表す。抵抗の大きさは導体の種類によって異なり，同じ導体であれば長いほど大きく，断面積が大きいほど小さくなる。

また逆に，電気をほとんど通さない材料を電気の不導体または絶縁物という。ガラス，綿布，マイカなどがこれに相当し，電気機器の絶縁材料として用いられる。

（2）オームの法則

これまで述べた電圧 E，電流 I および抵抗 R の間には，次のような関係がある。

電流＝電圧／抵抗　　$I=E/R$

抵抗＝電圧／電流　　$R=E/I$

電圧＝電流×抵抗　　$E=I\times R$

これをオームの法則といい，電気の基本となる大切な法則である。すなわち，電流は加えられる電圧が大きいほど，また抵抗が小さいほど多く流れる。

図3.2のように，抵抗を1列につなぎ合わせた場合を直列接続（シリーズ接続）といい，オームの法則を用いると，各抵抗の両端の電圧や，A，B間の全電圧E，抵抗Rは図中の式から計算できる。

次に図3.3のように，抵抗の両端を共通につないだ場合の接続を並列接続（パ

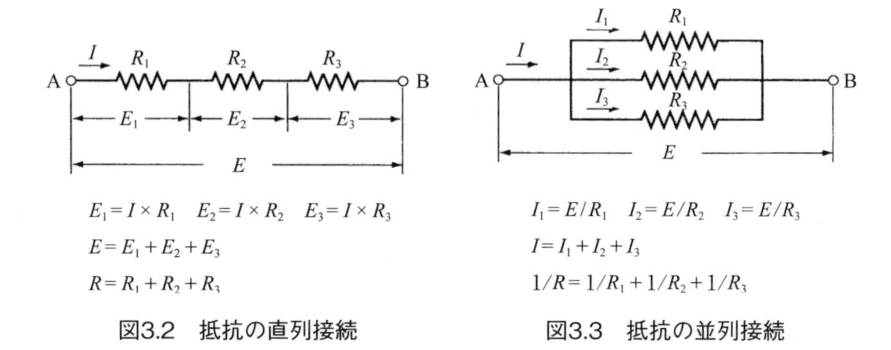

$E_1 = I \times R_1 \quad E_2 = I \times R_2 \quad E_3 = I \times R_3$

$E = E_1 + E_2 + E_3$

$R = R_1 + R_2 + R_3$

図3.2　抵抗の直列接続

$I_1 = E/R_1 \quad I_2 = E/R_2 \quad I_3 = E/R_3$

$I = I_1 + I_2 + I_3$

$1/R = 1/R_1 + 1/R_2 + 1/R_3$

図3.3　抵抗の並列接続

ラレル接続）といい，オームの法則を用いると，各抵抗に流れる電流や，A，B間の全電流I，抵抗Rは図中の式から計算できる。

すなわち，「直列接続の場合は全体の抵抗が増え，並列接続の場合は電流の通路が増えるので全体の抵抗は減ってくる」と覚えておけばよい。

3.1.2　直流と交流

電気にはプラス（+，または正）とマイナス（−，または負）があり，プラス側を電圧が高いものと定め，プラス側から導線を通ってマイナス側へ流れる向きを電流の向きと決めている。

電流の向きが一定で，時間が経過しても，その大きさがほとんど変わらない流れを直流（DC）といい，電圧または電流の流れる向きと値が一定の周期で交互に変化するものを交流（AC）という。発電所から一般家庭や工場に送電されている電気は交流である。

交流の1周期が1秒間に繰り返される数を周波数とよび，「Hz」（ヘルツ）という単位で表す。ほぼ静岡県の富士川を境として，その東側では1秒間に50回繰り返すので50Hz，西側では1秒間に60回繰り返すので60Hzとなっている。交流は方向や大きさが時々変化し，一般的には図3.4のような波形になっている。

また，交流では実効値で電流または電圧の大きさを表わし，次式で求めることができる。

$$実効値 = \frac{最大値}{\sqrt{2}} \fallingdotseq 0.7 \times 最大値$$

例えば，一般家庭に供給されている交流電圧が「100V」という場合は実効値で表現しており，この式から最大値 $= 100 \times \sqrt{2} = 141.42\cdots$，すなわち瞬間的には最大約140Vの電圧が印加されていることになる。

この実効値というのは，同じ値の直流と同等の熱作用をもたらす交流の値のことで，電圧計や電流計もこの実効値で指示されるようになっている。すなわち，電熱器に交流の実効値で10A流したときと，直流で10A流したときの発熱が同じになる。

また，交流には１つの電気回路に１つの波形が流れている単相交流と，図3.5

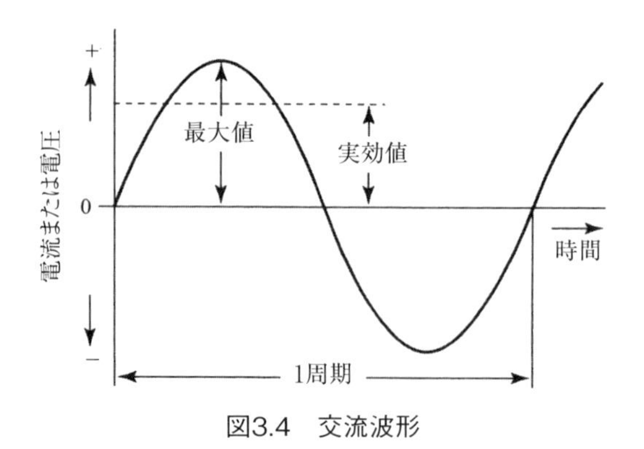

図3.4　交流波形

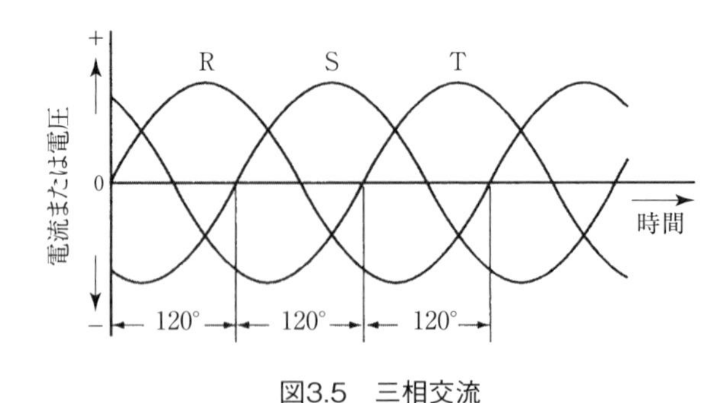

図3.5　三相交流

に示すような３つの波形が1/3周期（120°）ずつずれて流れる三相交流がある。家庭に送電されている電気は単相交流であるが，工場の動力用には三相交流が送電されている。ティグ溶接機やミグ溶接機などの入力には，主に三相交流の電源が接続されることが多い。

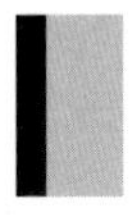

3.1.3　電力と力率

(1) 電力

図3.1で，２つの水槽をつなぐパイプが太く，流れる水の量が多くても，水位差が小さいと，低いところにある水槽に流れ込んでくる水の勢いは弱い。また水位差が大きくても，パイプが細く流れ落ちる水の量が少なければ同様である。大きな水の力，すなわち出力を得ようとすれば，水量と水位差の両方とも大きいことが必要である。この出力に相当するものを，電気では電力という。電力は電圧と電流の積で示され，記号は「P」で表す。

電力＝電圧×電流　　　$P=E\times I$

また，オームの法則を適用すれば，

$P=E\times I=(I\times R)\times I=I^2\times R$

すなわち，ある抵抗に電流を流すと，電流の２乗に比例し，抵抗に比例する電力が消費されることになる。

この消費電力は熱のエネルギーに変わる。これを電流の発熱作用という。なお，電力の単位は「W」（ワット）で，その1000倍の「kW」（キロ・ワット）もよく使われる。

(2) 力率

一般に，交流電源を使用するものでは，機器に供給される電力，すなわち電圧×電流（ボルト×アンペア）と，その機器で消費される電力（ワット）とは必ずしも一致しない。例えば交流モータなどでは，供給される電力がすべてモータを回す力として消費されるのではなく，モータを回すために必要な磁界を作ったり，消したりするための電流（リアクタンス電流）も流れている。

そこで，供給された見かけの電力を皮相電力とよんで区別し，単位を「VA」（ボルト・アンペア）またはその1000倍の「kVA」（キロ・ボルト・アンペア）で表す。

また，実際に消費される電力は，役に立っているという意味で有効電力とよび，「W」（ワット）またはその1000倍の「kW」（キロ・ワット）で表す。

このような皮相電力に対する有効電力の割合を力率とよび，普通「%」（パーセント）で表し，次式で示す。

力率＝（有効電力／皮相電力）×100%＝$\cos\theta$ ×100%

図3.6は，皮相電力と有効電力および力率の関係を示したものである。力率は電力が有効に利用されているかどうかを知る目安となり，これが低いと電力の利用率が悪いということになる。すなわち，図3.6（a）のように，無効電力が大きく力率が低い（$\cos\theta$ が小さい）電気機器では，高いものに比べ同じ仕事をするのに大きな皮相電力を供給する必要があり，配電設備が大きくなる。

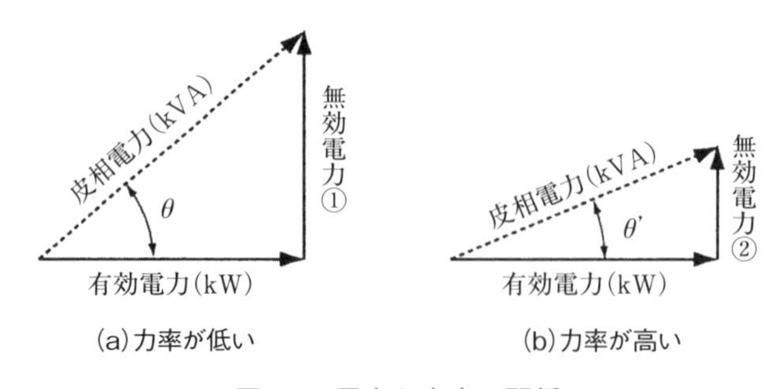

図3.6　電力と力率の関係

3.1.4　電流と電圧の測定

ティグ溶接機やミグ溶接機には電圧計や電流計をあらかじめ設けてあるものが多い。ただ，点検などで出力側だけでなく入力側も測定する場合もあるので，電圧と電流の測定方法を簡単に述べる。

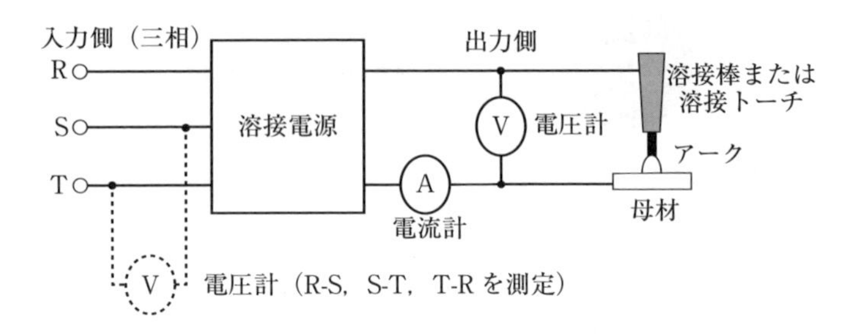

図3.7　電圧計と電流計の接続図

図3.7は，電圧計と電流計の接続方法を示したものである。電圧計は端子間に接続するが，出力側の直流部分は直流電圧計を，入力側の交流部分は交流電圧計を用いなければならない。また，ティグ溶接機やミグ溶接機の入力側は三相交流になっているものが多いので，三相の交流電圧を測定するときは，測定する２つの線の組合せを変えて，各相の平衡している状態を調べることも重要である。

電流計はケーブルに直列に接続するが，溶接電流が大きいので一般的な電流計をそのまま接続することはない。直流の場合は，分流器（シャントともいう）を溶接ケーブルに直列接続（電撃（感電）を防止するためマイナス側のケーブルに接続）し，分流器の電圧降下を電流に換算して計測する。また溶接現場では，写真3.1のようなクランプメータとよばれる測定器がよく用いられ，可動腕を開いて電流ケーブルを固定腕との間に通すだけで電流が測定できる。ホール素子検出型やフラックスゲート検出型など交流だけでなく直流電流も計測可能なものもある。

写真3.1　クランプメータ

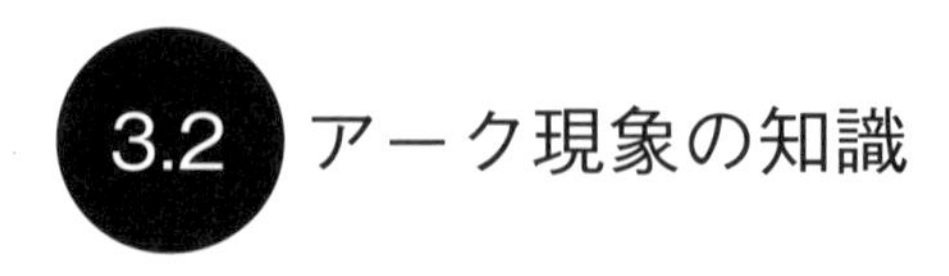

3.2 アーク現象の知識

3.2.1　アークの一般特性

アーク溶接は，電極，溶接棒または溶接ワイヤと母材の間に交流または直流の電源でアークを発生させ，アークの高熱で母材を溶融させ接合する方法である。このため，アークの性質をよく知っていなければならない。

図3.8のように，陽極と陰極を対向させて，その間にアークを発生させると，強い光と熱が出る。アークの温度は，シールドガスとして用いる周囲のガスの種類や，アーク自体の集中度や電流値などによって異なるが，数千℃～１万数千℃程度である。

アークは３つの部分に大別される。陽極と陰極のすぐ前面には，電圧降下の非常に大きい陽極電圧降下部と陰極電圧降下部があり，あとのアークの大部分は，電圧降下の緩やかなアーク柱の部分からなっている。

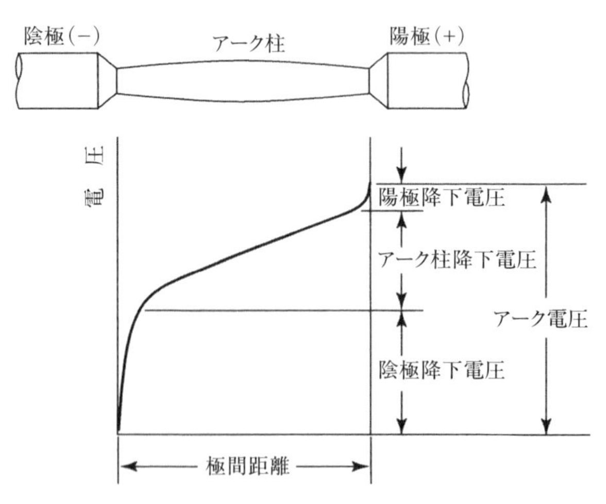

図3.8　アークの構造と電圧分布

したがって，この状態で陽極と陰極を離したり，近づけたりすると，陽極降下部や陰極降下部はそのままで，アーク柱の部分だけが伸びたり縮んだりする。そのため，アークの長さが変われば，アーク柱の電圧降下によってアーク電圧はアークの長さにほぼ比例して変化する。

電流の大きい領域での溶接電流とアーク電圧の関係（アーク特性曲線）を図3.9に示す。溶接電流が変化するとアーク電圧はわずかに溶接電流の増加とともに大きくなる傾向がある。

また，アーク長（L）が図3.9のように3mm，5mm，そして，7mmと長くなるに従って，アーク電圧はアーク長に比例して次第に高くなる。アーク特性曲線は，アーク溶接を理解するために非常に重要な特性なので，よく頭に入れておかなければならない。

アークは，周囲の条件によっても特性が異なり，アークの周囲にシールドガスとして炭酸ガスを流した場合は，アルゴンを流した場合よりもアーク電圧が高くなる。

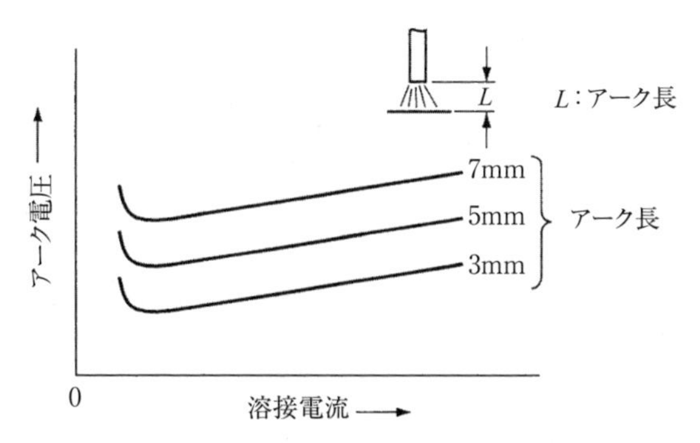

図3.9　アーク電圧、電流およびアーク長の関係

3.2.2　溶接機の電源外部特性とアーク

アーク放電を溶接の熱源として利用するためには，アークを発生させて安定的に持続する必要がある。そのため，溶接機のアーク放電回路を工夫し，様々

な溶接法に適した特性の電源を使用している。

溶接機から供給される電流と電圧の関係は外部特性曲線で示され，電源が供給できるエネルギーを表している。これに，前項で述べたアーク特性曲線（アークが消費するエネルギーの特性）を重ね合わせると，2つの曲線の交点（動作点）では，エネルギーの供給と消費が一致し，アークを安定して維持できる。電源外部特性は，垂下特性，定電流特性，および定電圧特性に分けることができる。

図3.10に垂下特性と定電流特性の外部特性曲線を示す。垂下特性は，電流が増加すると，出力電圧が急激に下がるような性質をもっている。一方の定電流特性は，電圧が変化しても電流は一定になる。これらの電源特性を持つ溶接機は，ティグ溶接や被覆アーク溶接などに用いる。

今，図3.10（a）の垂下特性をもつ溶接電源において，アーク長がL_1からL_2へと長くなると，動作点はS_1からS_2に変わる。このとき電流の変化はわずかであり，また十分高い出力電圧が加えられているので，アークは切れずに安定して持続される。すなわち，溶接中にトーチや溶接棒の操作によってアーク長が多少変わってもアークは切れない。同様に定電流特性においては，アーク長の変化に対し電流はまったく変化しない。このように垂下特性や定電流特性の溶接機は，アークの長さが変化しても電流をほぼ一定に保ち，溶込みなどを安定化させることができる。

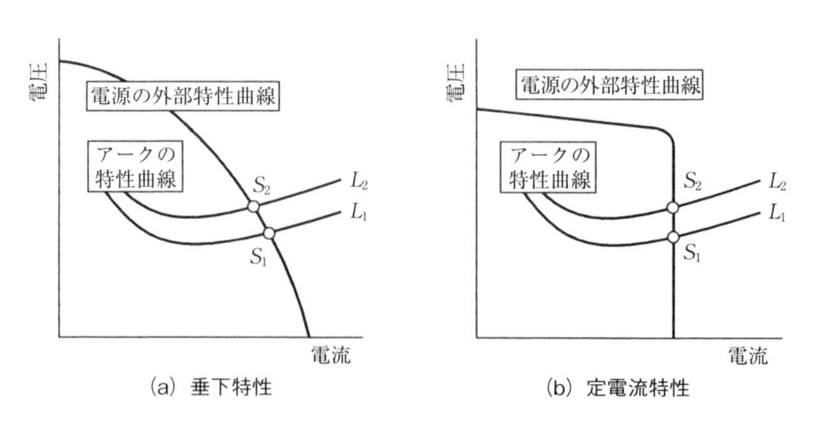

図3.10　垂下特性と定電流特性電源の動作点

図3.11は定電圧特性の外部特性曲線とアーク特性曲線である。垂下特性や定電流特性と異なり，電流が変わっても，出力電圧がほとんど変化しないようになっている。この電源特性をもつ溶接機は，細径の溶接ワイヤを用いるミグ・マグ溶接や炭酸ガスアーク溶接に利用している。

図3.11において，アーク長がL_1からL_2に長くなった場合（例えば，瞬間的にトーチの高さが高くなった場合）を考えると，動作点はS_1からS_2に移動し，アーク電圧はあまり変化せずに電流だけが大きく減少する。電流が減少すると溶接ワイヤの溶ける速さが遅くなる一方，溶接ワイヤは一定の速度で送給されているのでワイヤ先端は溶融池に近づき，アークは短くなる。逆にアークが短くなると，電流は上昇してワイヤの送給よりも溶融が大きくなり，アークは元の長さまで長くなろうとする。

このように定電圧特性電源の溶接機は，アーク長が変化すると電流も敏感に変動し，ワイヤ送給速度を制御しなくても，アークを一定の長さに保つ作用がある。この作用を特に電源のアーク長自己制御作用とよんでいる。

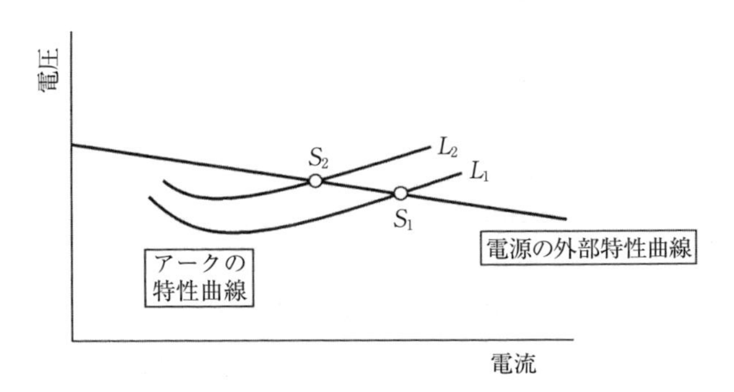

図3.11　定電圧特性電源の動作点

3.3 溶接機の種類と特徴

溶接機は，アークに電力を供給する電源と，溶接トーチやワイヤ送給装置などで構成されており，溶接法に応じて多くの種類が市販されている。チタン溶接には，主としてティグ溶接機やミグ溶接機が用いられる。本節では，溶接法ごとの代表的な溶接機の特徴や機能について説明する。

3.3.1 ティグ溶接

(1) 電源の基本的な特徴

ティグ溶接において，アーク長は電極の先端と溶融池の表面との距離で決まるので，トーチ高さを一定に保持していればアーク長も一定となる。したがって，安定した溶込みを確保するために，垂下特性または定電流特性電源の溶接機を用いる。これらの特性が用いられる理由は次のとおりである。

①手振れなどのために溶接中にアーク長が変動し，アーク電圧が変化しても，溶接電流の変化が少ない。

②もし溶接中に電極が母材に短絡しても，過大電流は流れず，電源の焼損が起こりにくい。

③小電流域では，アークの負性特性のためにアーク電圧は高くなるが，無負荷電圧がこれより高いので，小電流アークの維持が可能である。

ティグ溶接には直流，交流，パルスティグ溶接があり，各溶接の特性は表3.1に示す。アルミニウム合金やマグネシウム合金の溶接には，母材表面の酸化物を除去（クリーニング作用）できる交流ティグ溶接が用いられ，それ以外の金属の溶接には直流ティグ溶接やパルスティグ溶接が用いられる。特に高いシールド性を維持する必要があるチタンの溶接には，直流ティグ溶接や直流パルスティグ溶接が用いられる。

表3.1　基本的なティグ溶接の特性

	直流ティグ溶接	交流ティグ溶接	パルスティグ溶接
電源特性	定電流	垂下または定電流	パルス電流
極　性	電極マイナス	交流	電極マイナス
主なシールドガス	Ar	Ar	Ar
使用電源(A)	10～500	15～500	1～500
適用板厚(mm)	0.4以上	1.0以上	0.2以上
溶接姿勢	全姿勢	全姿勢	全姿勢
特　長	－－	クリーニング作用あり	薄板溶接が容易 溶接の高速化

(2) 直流ティグ溶接

母材の溶込みや電極の消耗は，図3.12に示すように電源の極性（電極マイナス(－）と電極プラス(＋)）によって大きく変わる。それは電極や母材側での発熱現象が極性によって異なるためで，電極に流すことのできる電流値にも影響する。

電極マイナスの場合は，電子の働きによって母材が著しく加熱され，母材の溶込みは図3.12(a）のように深くなる。これに対し，電極プラスの場合（図3.12(b)）は，電極の方が非常に高温に加熱され，溶融しやすくなり，母材の溶込みは浅くなる。例えば，100Aの溶接電流を流す場合，電極マイナスのときはϕ1.6mmの太さのタングステン電極で十分であるが，電極プラスにすると

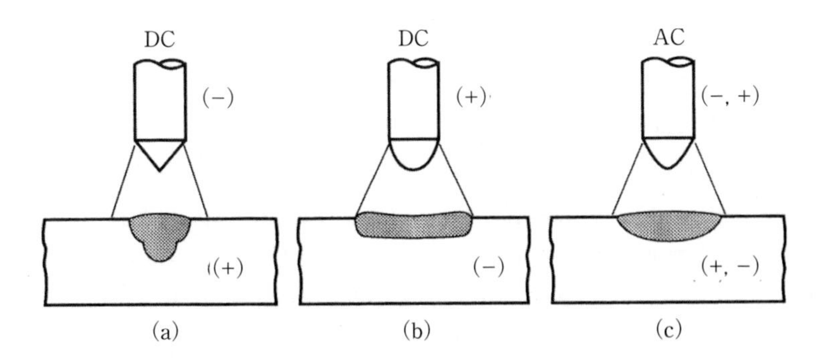

図3.12　溶込みに及ぼす極性の影響

表3.2　タングステン電極径と許容電流(例)

電極径(mm)	溶接電流(A)			
	直流(酸化物添加)		交　　流	
	電極－	電極＋	純タングステン	酸化物添加
0.5	5～20	…	5～15	5～20
1.0	18～80	…	10～60	15～80
1.6	75～150	10～20	50～100	75～150
2.4	150～250	15～30	100～160	140～235
3.2	250～400	25～40	150～210	225～325
4.0	400～500	40～55	200～275	300～425
4.8	500～800	55～80	250～350	400～525
6.4	800～1100	80～125	325～475	500～700

純タングステン電極(YWP), 酸化物添加タングステン電極(YWLa, YWCe, YWThなど)
YWLa:酸化ランタン入り, YWCe:酸化セリウム入り, YWTh:酸化トリウム入り

ϕ6.4mmのタングステン電極を使用しなければならない。

表3.2はタングステン電極の太さに対する，許容電流の一例を示している。

このように，直流ティグ溶接では電極マイナス，母材プラスの極性で用い，アルミニウム合金などの活性金属を除くほとんどすべての金属の溶接に適用されている。また直流のため，アークの安定性が良く，数アンペア程度の小電流まで安定したアークが維持できるので，1mm以下の極薄板の溶接も可能である。

(3) パルスティグ溶接

パルスティグ溶接は，アークの電流を周期的に変化させて，溶接ビードの形状を制御するもので，使用する周波数によって低周波パルス（0.5～数Hz），中周波パルス（10～100Hz），高周波パルス（1～20kHz）に大別される。

図3.13に，低周波パルスティグ溶接の電流波形とビード形状を示す。これは母材への入熱を，パルス電流，ベース電流と周期的に変化させるもので，パルス電流（高い電流）のときに母材を溶融して，溶融池を形成し，ベース電流（低い電流）のときには，それを冷却凝固させることを繰り返し，数珠状の連続したビードを作っていく溶接法である。

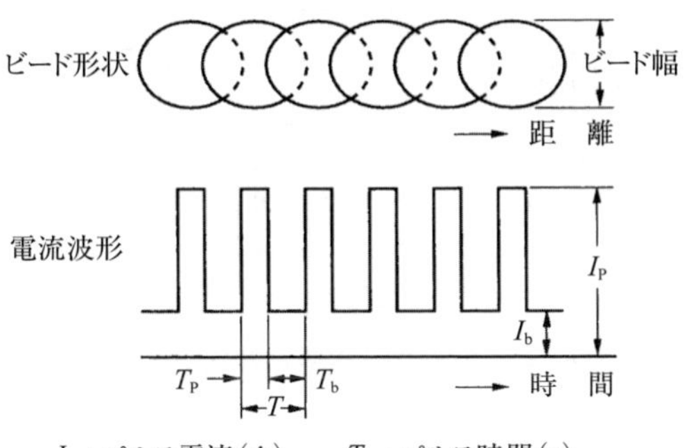

図3.13　パルス電流とビード形状

低周波パルスティグ溶接には次の特徴がある。

①溶融と凝固を繰り返すので，薄板の溶接に適する。

②立向や横向などの溶接姿勢でも，溶融金属の垂れ落ちが少ない。

③パルス時に集中的にアーク熱が母材に入るため，溶融効率が高く，溶込みも深い。

④異種金属間の溶接や，板厚差のある継手部で溶接熱のバランスがとりやすい。

中周波パルスティグ溶接になると，溶接ビードは連続して形成されるが，溶融池の中の溶融金属の動きが活発化し，内部欠陥の防止やビード形状の制御ができる。

高周波パルスティグ溶接では，小電流域のアークの安定性も改善されるので，高速溶接や薄板溶接に適用する。

特に最近は，速応性の高いインバータ制御式の直流電源が開発されて，電流波形の選択が容易となっているため，いろいろなパルス溶接法が使用されている。図3.14に，直流パルス波形の例を示す。各電流波形での特徴をよく理解し，母材の板厚や材質などに応じて最適な波形を選択しなければならない。

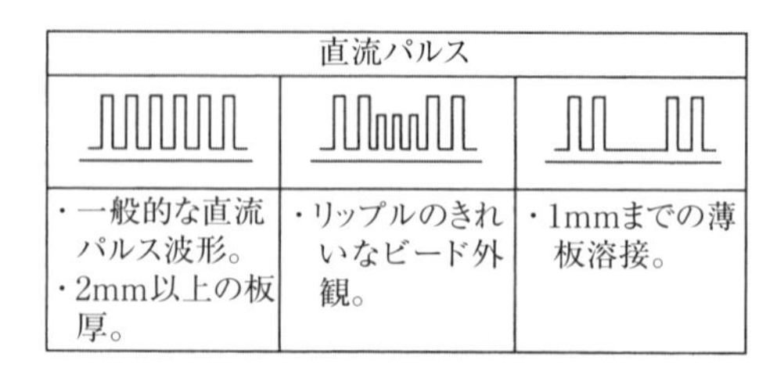

直流パルス		
・一般的な直流パルス波形。 ・2mm以上の板厚。	・リップルのきれいなビード外観。	・1mmまでの薄板溶接。

図3.14　ティグ溶接用パルス波形の例

(4) サイリスタ制御とインバータ制御

溶接機の電源出力制御方式には，図3.15のブロック図に示すようなサイリスタ制御形とインバータ制御形がある。

サイリスタ制御形は1次入力の商用交流（200/220V，50/60Hz）を，変圧器で溶接に適した電圧まで降圧した後，整流と出力の増減をサイリスタによって行う電源である。

一方のインバータ制御形は，最初に1次入力の交流を整流して直流に変換した後，トランジスタを用いたインバータ回路によって数kHzから数十kHzの高周波数パルスの交流に変換する。その後，変圧器で溶接に適した電圧まで降圧

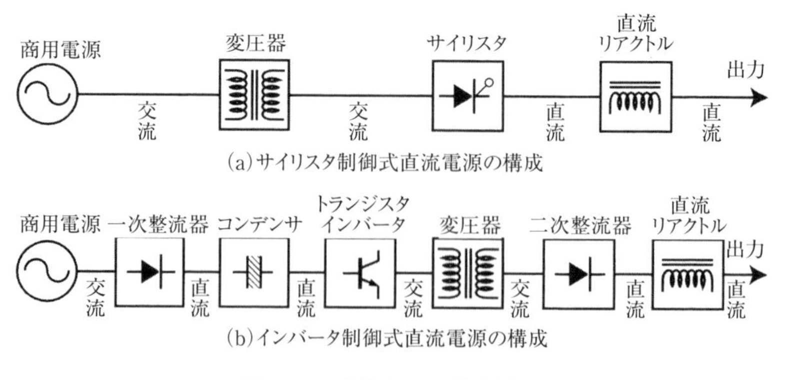

図3.15　溶接電源の基本構成

し，再度整流して直流出力を得ている。このときの電源出力の増減は，インバータ回路が変換した高周波数交流のパルス波形（例えば，パルス幅）を制御することによって行う。

したがって，２つの制御方式は，出力を制御する電気回路の位置に違いがある。サイリスタ制御方式の出力を制御するサイリスタが，変圧器の出力側に設置しているのに対して，インバータ制御の場合は，インバータ回路を構成するトランジスタを変圧器の入力側に設置している。この違いは，電源の大きさや機能面での違いにも現れる。

すなわち，変圧器の大きさは入力する交流の周波数に反比例するので，インバータ回路で変換する交流の周波数を高くするほど変圧器を小さくできるため，インバータ制御方式の電源は小型，軽量化が容易である。また，インバータ制御方式の電源は，サイリスタ制御に比べて100倍以上もの速度で出力電流波形を精密に制御できる。このため様々な溶接特性が得られ，約1Aの低電流から500A程度の高電流まで安定した出力が得られることなどを理由に，ティグ溶接においてはインバータ制御形が主流になっている。

(5) ティグ溶接機の機能

ティグ溶接装置は，溶接電源，ティグ溶接用制御装置（高周波発生装置およびその制御装置，シールドガス供給装置，冷却水循環装置など）および溶接トーチで構成されている。

現在のティグ溶接機は，溶接電源の内部に高周波発生装置や，その制御回路を内蔵した一体形のものがほとんどで，交流と直流がスイッチやハンドル1つで切り替えられる交直両用の溶接機や，パルス発生および制御回路を内蔵した高機能ティグ溶接機も一般化されている。水冷トーチを使用する場合には冷却水循環装置を溶接機に取り付けて用いることも多い。なお，ワイヤ状の溶加材が自動的に送給される半自動ティグ溶接では，専用のワイヤ送給装置が必要となる。

ティグ溶接機は，より良い溶接結果を得るために次に示す機能をもっており，それらの機能のシーケンスは，図3.16のようになっている。

(a) プリフロー

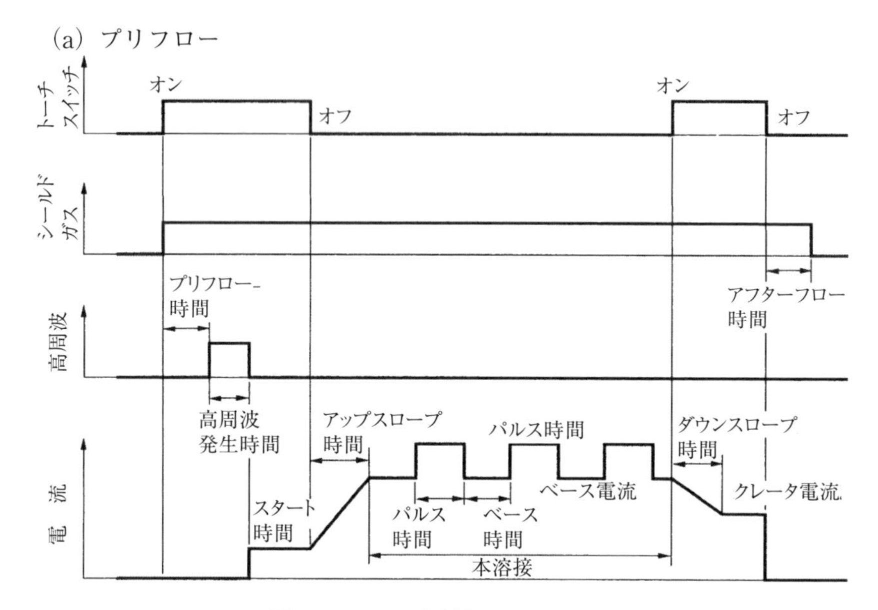

図3.16　ティグ溶接のシーケンス

溶接を始めるためのトーチスイッチを引くと，溶接機が起動する前にシールドガスの回路が働き，ガス電磁弁が動作する。これは，ガスホース中の不純物を排出したり，溶接部をアルゴン雰囲気にするためのもので，これをプリフローという。

(b) 高周波

ティグ溶接においては，タッチスタート機能付き特殊機能の溶接機を用いない限り，タングステン電極を母材に短絡させてアークスタートをすることができない（もし短絡させた場合，電極が消耗するばかりでなく，溶接部にタングステンを巻き込む不具合も発生する）。

したがって，アークスタートは電極－母材間に高電圧の高周波を発生させ，そこで生じる小電流を引金にして溶接電流に移行する方法をとっている。このときの値は約2000～6000Vで，周波数は約２～3MHz程度である。直流溶接のときは，溶接電流が流れると，電流検出器の働きによって高周波の発生はすぐに停止する。

(c) クレータ処理

溶接をいきなり停止すると，溶接終了部には電流の大きさに応じてクレータができる。この部分の割れなどを避けるために，くぼみを少なくするように処理をしなければならない。そのため溶接機には，溶接終了時に電流を下げ，クレータ部に弱い電流（クレータ電流）で溶加材を入れられるようにした機能を設けている。

(d)　アフターフロー

溶接終了直後，溶接金属が溶融状態または赤熱状態にあるとき，シールドガスがなくなり，空気に触れると，溶接金属は空気を巻き込んで窒化したり，酸化して変色したりする。そのため，溶接金属が凝固冷却するまで，溶接終了後もシールドガスを流す必要がある。この機能をアフターフローとよんでいる。アフターフローは，単に溶接金属の保護だけでなく，タングステン電極の保護も兼ねている。溶接直後のタングステン電極は，非常に高温のため，ガスを流して冷却し，電極の酸化による消耗を防いでいる。

3.3.2　ミグ溶接

チタンの半自動溶接には，シールドにArなどの不活性ガスを使用するミグ溶接法が用いられる。ミグ溶接は，主として細径の溶接ワイヤ（1.2mm～1.6mmが最も多い）を高速で送給しながらアークを発生させる溶接法である。この溶接法に用いる溶接機の基本的な構成は，(a) 電源，(b) ワイヤ送給装置，(c) 溶接トーチ，(d) リモコンボックスや制御ケーブルなどの付属機器などである。溶接電源は直流で，ティグ溶接とは異なり溶接トーチ側プラスである。電源の特性は定電圧特性または定電流特性で，溶接ワイヤは定速送給方式で制御するものが多い。

(1) 電源の基本的な特徴

前項の図3.11に示したように，溶接時のワイヤ突出し長さの変化に対して，定電圧特性の電源は，電源自身がもつ自己制御作用によってアーク長を一定に保つので，最初に溶接条件（溶接電流，アーク電圧）を適正に調整することが非常に重要になる。

溶接電流やアーク電圧は，溶接機のリモコンボックスにあるボリュームで調整する。ミグ・マグ溶接に多く使用する溶接機（直流，定電圧特性電源，定ワイヤ送給速度制御）において，溶接電流を調整するということは，ワイヤ送給速度を変えるということを意味しており，それによってワイヤの溶ける速度（溶融速度）も変化する。そして，アーク電圧は電源の外部特性を調整することで変化し，アーク長も変わる。

溶接電流とアーク電圧の調整例を図3.17に示す。今，電源の外部特性曲線①と，長さ4mmのアーク特性曲線の交点（動作点S_1：150A－20V）においてアークが発生しているとする。この状態から溶接ワイヤの送給速度が大きくなると，それを溶かすためには大きな電流が必要となり，動作点は電源の外部特性曲線①に沿って高電流側に移動する。200Aでワイヤの溶融と送給が平衡すると，動作点はS_2に移って安定する。つまり，溶接ワイヤの送給速度によって，溶接電流を増減することができる。

このとき，アーク電圧は外部特性曲線の若干の下降によって19Vに下がり，アーク長は4mmから2mmに短くなる。したがって，もとのアーク長4mmに戻すためには，電源の外部特性を②の位置に調整し，動作点をS_3にしなければならない。この調整はリモコンボックスの電圧ボリュームによって行い，アーク

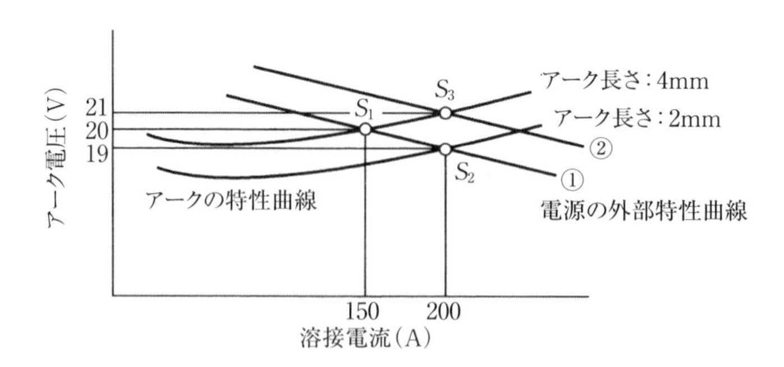

図3.17 ワイヤ定速送給方式における電流・電圧の調整

電圧は21Ｖに増加する。

このように，電流ボリュームを増減させるときには電圧ボリュームも調整しなければならないが，一般的にはアーク電圧をワイヤ送給速度に連動して自動的に調整する（一元調整）機能をもつ溶接機が多く用いられている。また，最近の溶接機の中には，ワイヤ突出し長さが変わっても溶込み深さが一定になるように，ワイヤ送給速度を自動的に制御したり，溶接に適したアーク長になるように，アーク電圧を自動的に出力する機種もある。

(2) パルスアーク溶接

ソリッドワイヤを使うミグ溶接では，溶滴の移行形態がスプレー状態となる溶接電流（臨界電流）以上の高電流で溶接すると，スパッタの発生がきわめて少なくなる。このスプレー移行状態を低い溶接電流でも可能にしたのがパルスアーク溶接機である。

パルスアーク溶接でのパルス電流と溶滴移行の関係を，図3.18に示す。臨界電流以上の高いピーク電流（パルス電流）を，一定時間だけ供給してワイヤ先端に溶滴を形成させ，次にベース電流を流している間に，その溶滴を溶融池に移行させると，平均の溶接電流が臨界電流より低くても，スプレー状の溶滴移行形態となる。

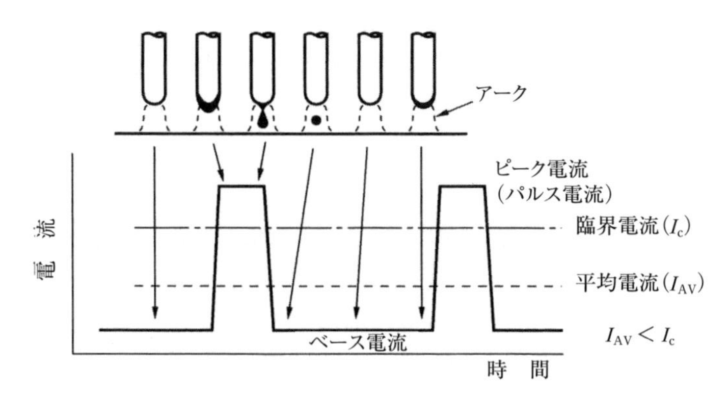

図3.18 パルスアーク溶接での電流と溶滴移行の関係

電源の特性としては，ピーク電流やベース電流をある決まった一定の値とする定電流特性のものと，アーク電圧波形を一定のパルス状に制御する定電圧特性のものとがある。定電圧特性のパルス電源では，3.2.2項で述べた電源の自己制御作用によって，自動的にアーク長がほぼ一定に保たれる。しかし，定電流特性の場合は，ワイヤ突出し長さが変わるとアーク長も変化してしまい，溶接作業性や溶接ビードの形状に悪影響を及ぼす。このため，定電流特性電源のパルスアーク溶接機には，アーク長を一定に保つためのアーク長制御機能を持たせている。

(3) ワイヤ送給装置と溶接トーチ

ワイヤ送給装置は溶接トーチにワイヤを送り込むもので，送給装置のほとんどはワイヤをコンジットケーブルの方へ押し出すプッシュ式を採用している。また，アーク近傍の電極ワイヤの曲がりを少なくするために，送給モータを溶接トーチに内蔵してワイヤを引っ張るプル式を用いることもある。さらに，溶接トーチと送給装置側に配置した2台のモータで長尺のトーチケーブルの中を送給させるプッシュプル式も実用化されている。

ワイヤの送給は，モータの回転力を送給ローラに伝え，加圧ローラでワイヤを押さえつけながら行う。アーク長を安定化するためには，電極ワイヤの送給速度を均一にすることが必要である。送給モータのガバナ調整はもちろん，送給ローラの溝が磨耗していたり，油などが付着していたりすると，ワイヤがスリップすることがあるので，常に注意を払って点検することが重要である。また，溶接中もコンジットケーブルを過度に曲げて，ケーブル内部のコンジットチューブや溶接トーチ内部での溶接ワイヤの摩擦が大きくなることのないように注意する。

溶接トーチは，溶接ワイヤに通電してアークを発生させる重要な役目をもっている。溶接ワイヤと接触して通電するコンタクトチップが消耗し，穴径が大きくなると通電不良となり，アーク長が不安定になってスパッタ発生の原因にもなるので，コンタクトチップは早めに交換する。また，コンタクトチップは溶接ワイヤ径に合った穴径のものを使用する。

溶接トーチのもう1つの重要な役目は，シールドガスでアークや溶融池を大気から保護することである。大気中の窒素混入の程度を表すシールド性は，溶接トーチの部品であるノズルの形状や，オリフィス（バッフル）の有無によっても影響を受けるので，先端にスパッタが多く付着しているノズルや変形しているノズル，また，欠けて消耗したオリフィスを使用することは避けなければならない。

溶接トーチと溶接電源を接続するコンジットケーブル（２次ケーブル）には大電流が流れるため，ケーブル過熱に注意が必要である。そのため，トーチの定格や使用する溶接電流に合ったサイズのケーブルを選択し，ケーブルの接続不良がないことも点検する。また，水冷式トーチを使用している場合には冷却水を適正な水量に保つ。

3.4 溶接機の取扱い

溶接機は，露出した電気回路の一部を利用するという，他に類のない電気機器である。したがって安全を確保するためには，その取り扱いに対する十分な知識が必要である。

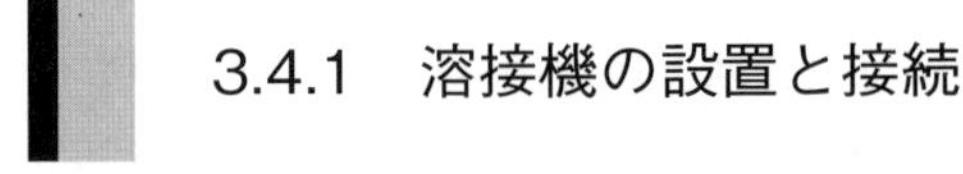

3.4.1　溶接機の設置と接続

（1）設置場所

通常の溶接機は，屋内使用を前提として設計しているので，直射日光や雨の当たる場所，著しく湿気の多い場所，粉じんの多い場所，腐食性のガスが発生する場所などへの設置は避けるべきである。また，壁ぎわに密着して置くと冷却のための換気ができなくなるので，少し壁ぎわから離して設置した方がよい。ガス容器は，チェーン付きガス容器スタンドの使用など，適当な方法で倒れないようにしなくてはならない。

(2) 配電盤との接続

溶接機の設置や電源への接続は，十分注意し，もとの電源には必ず溶接機用のノーヒューズブレーカを用いるか，ヒューズをつけておくようにする。配電盤と溶接機の接続ケーブルの太さは，そこに流れる電流によって適正なものを選択する。1次側のケーブルに流れる電流は，アーク溶接機の銘板や取り扱い説明書に，定格入力電流（定格1次電流）として記載されているので，表3.3を参考にして太さを選択する。定格入力（kVA）のみが記載されている場合は，次のようにして定格入力電流を求める。

$$\text{単相の場合：定格入力電流（A）} = \frac{\text{定格入力（kVA）}\times 1000}{\text{定格入力電圧（V）}}$$

$$\text{三相の場合：定格入力電流（A）} = \frac{\text{定格入力（kVA）}\times 1000}{\sqrt{3}\times\text{定格入力電圧（V）}}$$

例えば，定格入力が32kVAの三相ティグ溶接機で，1次側定格入力電圧が200Vの場合，定格入力電流（A）は，

$$\text{定格入力電流（A）} = \frac{32\times 1000}{\sqrt{3}\times 200} \fallingdotseq 93\text{（A）}$$

となり，表3.3より1相当たり22mm^{2}の1次側接続ケーブルを使えば良いことがわかる。

また，溶接機への1次側定格入力電圧は一般に200Vや220Vが多いので，溶接機の電源本体に対して第3種接地工事（接地抵抗値100Ω以下）を行わなければならない。この場合は，14mm^{2}以上の接地線を接続するように定められており，接地線の色は一般に緑色を使用している。

表3.3　電流値と導線の太さの選択の目安

電流(A)	50	100	150	200	250	300	400	500
導線の太さ(mm^2)	8～14	22	30	38	50	60	80	100

(3) 使用率

溶接作業では，場所の移動や溶接の段取りなどに時間を費やすので，アークを連続して出し続けることは少ない。したがって，溶接機が定格出力電流を連

続して流すことができるように設計してあれば，必要以上に材料を使うことになり，不経済となる。そこで，溶接機には定格使用率というものを定め，実際の作業に適合した溶接機の設計がなされている。

$$定格使用率（\%）=\left(\frac{定格入力電流（A）}{全作業時間}\right)\times 100$$

定格使用率には周期が定めてあり，溶接機では一般に10分を周期としている。つまり，定格使用率が60％の溶接機は10分のうち６分定格出力電流が流れ，４分休んでいるような使い方が許されているということになる。

また，この溶接機を使用率100％（10分周期で10分間連続して溶接電流を流す場合）で使用するときの連続使用可能電流（休止せずに連続して使用するときの最大電流）は，次式で求められる。

$$連続使用可能電流（A）=定格出力電流（A）\times\sqrt{\frac{定格使用率（\%）}{100（\%）}}$$

なお，定格出力電流以下で溶接する場合は，使用率を高くすることができる。これを許容使用率といい，次式で換算する。

$$許容使用率（\%）=\left(\frac{定格出力電流（A）}{使用電流（A）}\right)^2\times定格使用率（\%）$$

例えば，定格出力電流350A，定格使用率60％の溶接機を用いて300Aで溶接する場合，許容使用率は約82％になり，連続使用可能電流は，約270Aとなる。

3.4.2　溶接機の保守管理

保守・点検は溶接機の機能を十分に発揮させ，安全に使用するために重要である。日常の注意事項には，次の①～④のようなものがある。

①スイッチ類などが確実に作動するか。

②異常な振動，うなり，熱，臭いなどはないか。

③シールドガスが漏れていないか。

④溶接ケーブルの被覆に傷がつき，絶縁不良を起こしていないか。

また，３～６ヵ月ごとの点検事項には，次の①～③のようなものがある。

①ほこりの除去：乾いた圧縮空気でブローし，電源内部の金属粉などのほこりを除去する。特に，変圧器やリアクトルのすき間，半導体素子・部品などは丁寧に行う。

②接続部の点検：１次側および２次側の配線ケーブル接続部のボルトが緩んでいたり，錆などで接触が悪くなっていないか，などの点検を行う。

③接地線（アース）の点検：溶接機の電源本体のケースを正しく接地しているかどうかを点検する。電源内部の絶縁不良によって感電する危険があるので，接地は確実に行わなければならない。

4 溶接施工法

4.1 溶接記号

溶接作業は製作工程の中でも大変重要な工程である。溶接作業は組み立てた部品や部材を単に溶接すればよいだけではない。板厚によって，すみ肉溶接のサイズなども違うし，T継手や十字継手などの完全溶込み溶接では，補強すみ肉溶接のサイズ（余盛）も異なる。

製作図面には，開先の形状や寸法などを溶接記号で示す。JIS Z 3021「溶接記号」に定められている溶接記号は，図4.1に示すように矢，基線，溶接部記号（基本記号，補助記号），尾などで構成されており，矢は溶接線を示し，溶接部記号は基線の上側または下側に寸法などとともに記入される。

表4.1に基本記号を，表4.2に補助記号を示す。また，表4.3に溶接記号の記

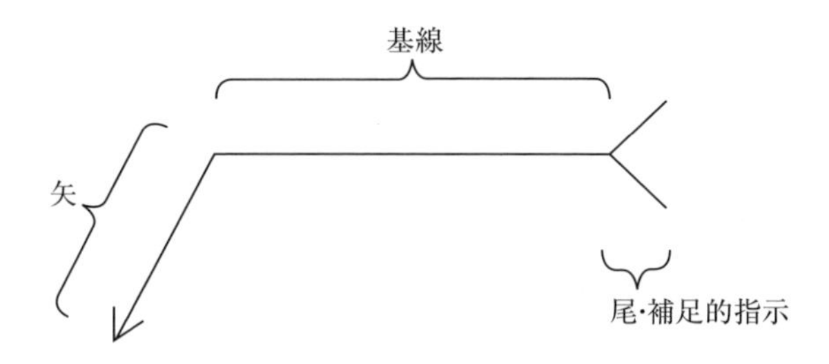

図4.1　溶接記号の構成

載例を示す。

また，製作図面には，使用する材料の種類，板厚などの工作に必要な指示事

表4.1　基本記号（抜粋）

名　称	記　号	名　称	記　号
I 形開先		レ形フレア溶接	
V 形開先		へり溶接	
レ形開先		すみ肉溶接[a]	
J 形開先		プラグ溶接 スロット溶接	
U 形開先		ビード溶接	
V 形フレア溶接		肉盛溶接	
注[a]：千鳥断続すみ肉溶接の場合は　又は　の記号を用いてもよい。			

表4.2　補助記号

名　称	記　号	名　称	記　号
裏波溶接		表面形状	
		平ら	
裏当て[a]		凸	
全周溶接		へこみ	
		止端仕上げ	
現場溶接		仕上げ方法	
		チッピング	C
		グラインダ	G
		切削	M
		研磨	P
注[a]：裏当ての材料，取外しなどを指示するときは，尾に記載する。			

表4.3　溶接記号の記載例（抜粋）

内容	記載例
V形開先 裏当て金使用 ルート間隔5mm 開先角度45° 表面切削仕上げ	切削仕上げ 45° 12 5 ／ 12 5 45° M
V形開先 部分溶込み溶接 開先深さ5mm 溶込み深さ5mm 開先角度60° ルート間隔0mm	60° 12 5 0 ／ (5) 0 60°
V形開先 裏波溶接 開先深さ16mm 開先角度60° ルート間隔2mm	60° 19 16 2 ／ 16 2 60°
V形開先 裏はつり後 裏ビード	16 ／ 16 裏はつり
X形開先 開先深さ 矢の側16mm 反対側9mm 開先角度 矢の側60° 反対側90° ルート間隔3mm	60° 16 9 3 90° ／ 90° 9 3 16 60°
レ形開先 部分溶込み溶接 開先深さ10mm 溶込み深さ12mm 開先角度45° ルート間隔0mm	45° 10 0 25 ／ 10(12) 0 45°

項を記載しているので，あらかじめ検討しておかなければならない。

主なチタンおよびチタン合金と溶接材料の組合せ例から，ティグ溶接に使用する溶加材を表4.4に示す。

表4.3 溶接記号の記載例(抜粋)(つづき)

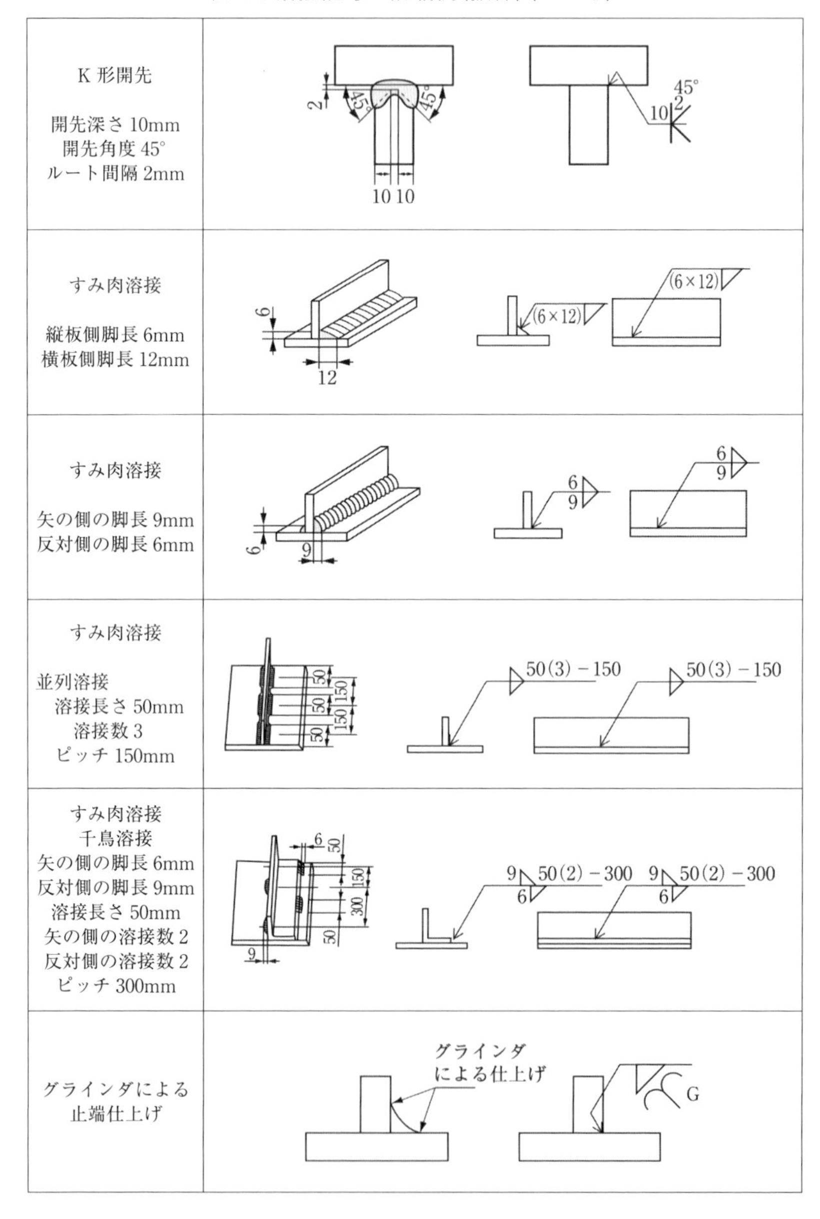

項目	記載例
K 形開先 開先深さ 10mm 開先角度 45° ルート間隔 2mm	2　45°　45°　10 10 ／ 45°　10　2
すみ肉溶接 縦板側脚長 6mm 横板側脚長 12mm	6　12 ／ (6×12) ／ (6×12)
すみ肉溶接 矢の側の脚長 9mm 反対側の脚長 6mm	6　9 ／ 6 9 ／ 6 9
すみ肉溶接 並列溶接 溶接長さ 50mm 溶接数 3 ピッチ 150mm	50　50　50　150　150 ／ 50(3)－150 ／ 50(3)－150
すみ肉溶接 千鳥溶接 矢の側の脚長 6mm 反対側の脚長 9mm 溶接長さ 50mm 矢の側の溶接数 2 反対側の溶接数 2 ピッチ 300mm	6　50　150　300　50　9 ／ 9　50(2)－300　6 ／ 9　50(2)－300　6
グラインダによる 止端仕上げ	グラインダ による仕上げ ／ G

表4.4　主なチタン及びチタン合金とティグ溶接に使用する溶加材の組合せ例

母材	適合溶加材	
	JIS	AWS
チタン 1種	STi 0100J	ERTi-1
チタン 2種	STi 0120J	ERTi-2
チタン 3種	STi 0125J	ERTi-3
チタン 4種	STi 0130J	ERTi-4
チタン 11種	STi 2251J	ERTi-11
チタン 12種	STi 2401J	ERTi-12
チタン 13種	STi 2402J	ERTi-13

4.2 溶接継手設計上の注意

溶接構造物の信頼性は溶接部の品質が左右する。溶接部の品質を確保するには材料や工作面だけではなく，設計上の配慮も重要である。基本的な考え方は次の①～③のとおりである。

①溶接量をできるだけ少なくする。

②工作のしやすい溶接設計を行う。

③難しい設計となった場合でも，作業中の安全性や作業環境に注意を払った設計を心がける。

溶接継手設計の注意すべき具体的な事項を，次の①～⑥に列挙する。

①溶接線の重なりや交差を避ける（図4.2参照）。

②溶接継手を一箇所に集中させたり，接近しすぎることは避ける（図4.3参照）。

③補強板などの先端が鋭利な部分がある場合，端部は切り落とす（図4.4参照）。

④板厚の異なるものを溶接する場合は，適当な傾斜をつけて応力集中を避ける（図4.5参照）。

⑤補強板またはブラケット構造に対しても，適当なスカラップを設けるようにする（図4.6はスカラップを設けた例）。

⑥すき間腐食防止のために，溶接端部は回し溶接を行う（図4.7参照）。

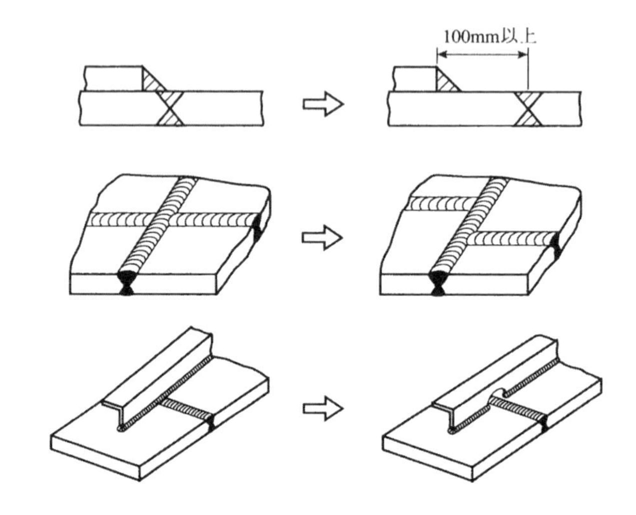

図4.2 溶接継手設計上の注意 1

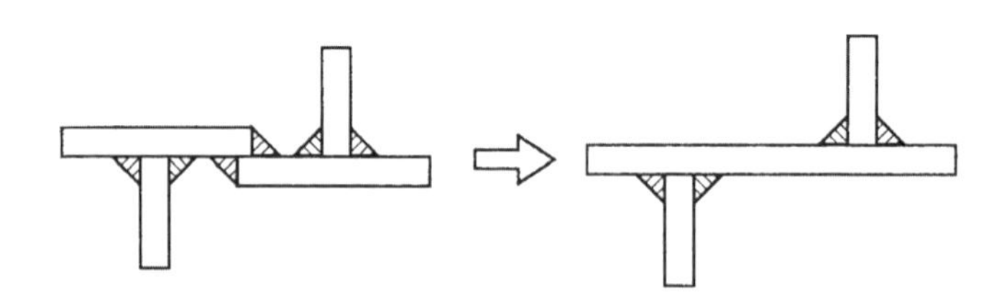

図4.3 溶接継手設計上の注意 2

図4.4 溶接継手設計上の注意 3

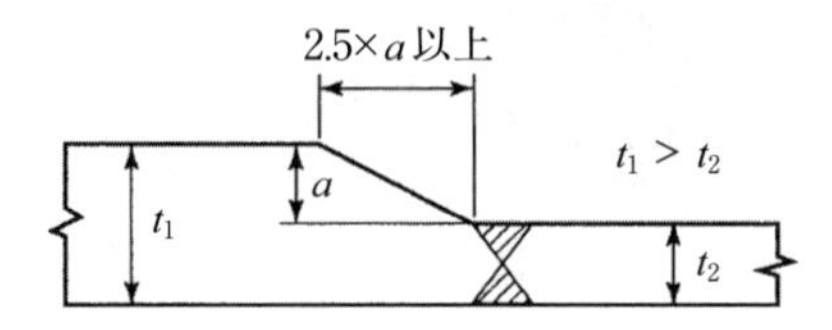

図4.5　溶接継手設計上の注意 4

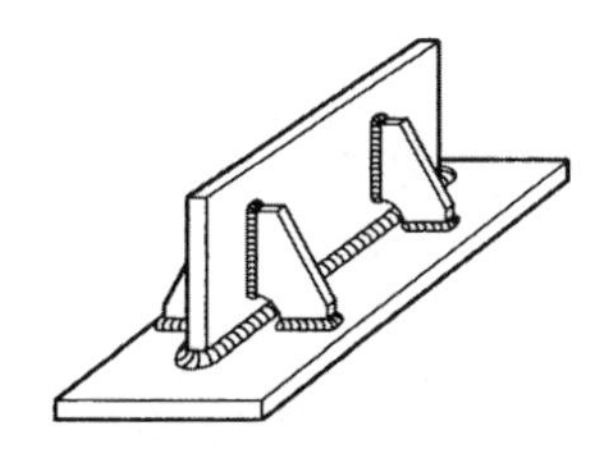

図4.6　溶接継手設計上の注意 5

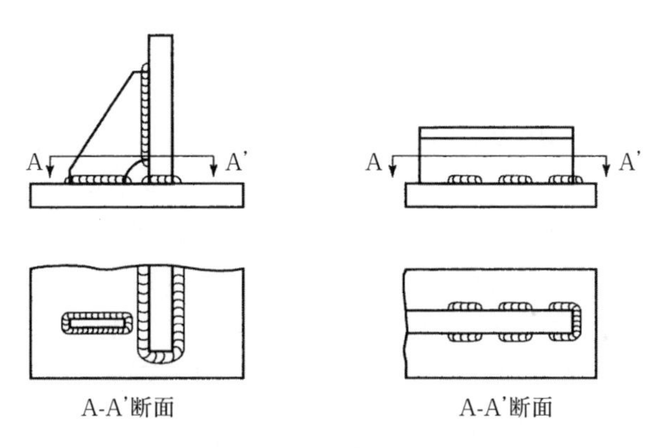

図4.7　溶接継手設計上の注意 6

4.3 溶接施工

溶接構造は，ボルト接合などの構造と異なり，溶接作業者の技量および溶接施工条件によって，品質に大きな差が生じる。品質のよい溶接を行うためには，作業者が常に技量の向上を心がけるほか，正しい施工を心がけることが重要である。

4.3.1　溶接作業前の準備

溶接前の準備は，とかくおろそかにしがちであるが，溶接施工の各工程の中でも特に大切な工程である。準備が完全であれば，「その溶接施工は90％までうまくいったも同然と考えてよい」といわれているので注意して行う。

4.3.2　開先準備

チタンおよびチタン合金の開先加工方法は，一般にプラズマ切断あるいは機械加工である。グラインダ，ガス切断，シャー切断，ガウジングなども使用できる。使用後には必ずリューターなどで酸化部分を研削し，グラインダなどを使用した場合には，その砥粒が開先内に残存する可能性があるので，十分に研削・除去する必要がある。開先に付着しているもので，その他に溶接に悪影響のあるものは，水分，油脂，錆，スケール，ペンキ，ごみなどであり，十分に取り除いておかなければならない。

また，炭素鋼製ワイヤブラシをチタンおよびチタン合金に使用すると，表面に鉄粉がつき，錆が発生するおそれがある。したがって，チタンおよびチタン合金溶接部の清掃に使用するワイヤブラシにはステンレス鋼やチタン製のものを用いる。

4.3.3　イナートガス・シールドの目的と方法

(1)　シールドの目的

チタンは高温での反応性が高く，大気中の酸素や窒素と反応して，酸化チタンや窒化チタンを生成し，溶接部を劣化させるため，溶接部と大気を遮断するシールドが極めて重要である。JIS Z 3805の溶接技術検定試験には酸化皮膜による色判定もあるのでシールドには特に注意を要する。この溶接部の色判定は，ステンレス鋼やアルミニウムの溶接にはない特別な判定方法である。これらは，ティグ溶接，ミグ溶接でも共通であり，この「溶接部の変色の程度とその性質との関係」を示す表を表4.5に示す。[1] イナートガス・シールド使用の目的は，2つある。第一は，溶滴，溶融池，電極，溶加材先端，凝固直後のビード表面および溶接部近傍の高温にさらされた母材表面を大気から保護して酸化や窒化を防止することである。第二は，溶接部および熱影響部を冷却することである。高温で溶接部や熱影響部が大気にさらされるとこれらの表面で酸化や窒化が起こり変色する。この変色を防止するため，約450℃以下になるまでシールドガスで冷却し続ける。

表4.5　溶接部の変色の程度とその性質との関係

<table>
<tr><th rowspan="2">チタン溶接部の変色の程度</th><th rowspan="2">溶接部の性質</th><th>参考</th></tr>
<tr><th>チタンの溶接技術検定における合否</th></tr>
<tr><td>銀色</td><td>コンタミネーションのない健全な溶接部である。</td><td rowspan="3">合格</td></tr>
<tr><td>金色または麦色</td><td>ほとんどコンタミネーションがない溶接部である。</td></tr>
<tr><td>紫または青</td><td>溶接部表面の延性に少し影響する。しかし，溶接部全体としては，その性質にはほとんど影響がないとみてよい。</td></tr>
<tr><td>青白または暗灰色</td><td>かなりコンタミネーションがある。薄板の溶接部では延性がかなり低下する。</td><td rowspan="2">不合格</td></tr>
<tr><td>白または黄白</td><td>溶接部はぜい弱となる。</td></tr>
</table>

(2) シールド装置

チタンおよびチタン合金の溶接に用いるシールド装置は，トーチシールド装置，アフターシールド装置およびバックシールド装置の３種類である。トーチシールド装置は市販の溶接トーチに組み込まれている。アフターシールド装置とバックシールド装置は，本書では，「アフターシールドジグ（トレーラーシールドジグともいう）」や「バックシールドジグ」と呼び，溶接環境に合わせて自分で設計・製作し，シールドジグの形，シールドガスの流量などは，溶接物の形状や用途に合わせて設定する必要がある。チタンおよびチタン合金の大気中の溶接では，基本的に常にシールドジグを使用する。シールドジグを使用できない場合には，クローズドチャンバを使用するなどの方法を考える必要がある。

(3) シールド用ガス

チタンおよびチタン合金の溶接に使用する不活性ガス（イナートガス＝Inert Gas）として，わが国では純アルゴン（Ar）が一般的である。アルゴンに比べ高価であるが，ヘリウム（He）を使用することもある。ヘリウムは単独で使用する場合と，アルゴンと混合する場合がある。

シールドに使うアルゴンは，一般的にはJIS Z 3253に規定されており，アルゴンの純度は99.99％以上である。不純物は酸素，窒素および水分である。

純度の測定として，露点を使用することがある。露点が低いほど純度が高く，通常チタンおよびチタン合金の溶接用には露点が－50℃以下が望ましい（露点についてはJIS K 0512参照）。

炭酸ガスや酸素ガスは，炭素鋼やステンレス鋼の溶接ではシールドガスとして使用されるが，チタンおよびチタン合金の溶接では溶融したチタンと反応して炭化チタンや酸化チタンを生成して溶接部を劣化させるので，チタン溶接のシールドガスとしては使用しない。

表面硬化などの目的で意図的に炭酸ガスや窒素ガスを混入して肉盛溶接を行うこともあるが，これは通常の溶接とは異なる。

(4) シールドガスの供給

(a) ボンベ

通常，アルゴンガスは14.71MPa（150kgf／cm^2）の高圧で圧縮して容器（ボンベ）に充填されている。アルゴンガス・ボンベの色は他のガスと区別するため，全体をネズミ色に塗装してある。容器（ボンベ）は高圧ガスが入っているので，過度の熱を受けないように直射日光や炉の熱などがあたらない場所に直立させる。また，地震や接触で倒れないように鎖などで固定する。

ボンベは複数準備し，使用中に１本が空になっても作業に支障がないようにする方がよい。アルゴンの使用量が多いときはボンベでなく，複数ボンベの入ったカードルと呼ばれるものや液体アルゴンと気化器（エバポレータ）を使用することもある。

(b) シールドガスの配管

シールドガス貯蔵容器からジグまでの配管順序の例を挙げると，図4.8のようになる。トーチガス，アフターシールドガスおよびバックシールドガスの流量は別々に独立して流量計をつけ，個別にコントロールする。

作業に当たっては，これらの各装置を正常に取り付けることが大切である。特に，接続部での漏れがないことに注意する。長期間使用しなかった場合は，配管内の湿気や塵埃がないよう保管に注意する。

ホースの材質によっては，長時間使用していない間に水分吸着を起こす。水分吸着を起こしにくい順にホースの材質を並べると，図4.9のようになる。同図からわかるように，固定配管にはステンレス鋼管が望ましい。ジグに取り付

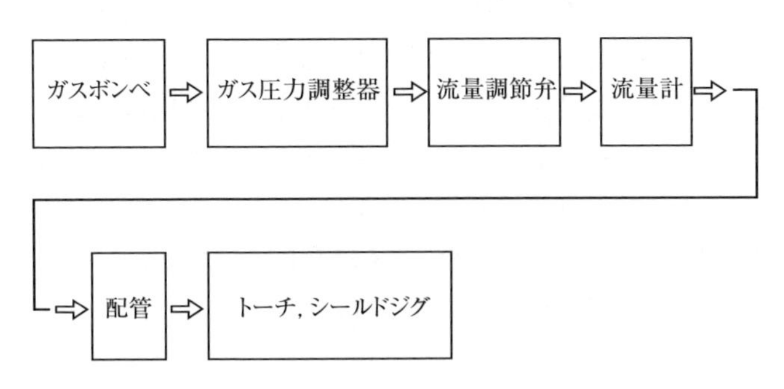

図4.8　シールドガス貯蔵容器からジグまでの配管順序例

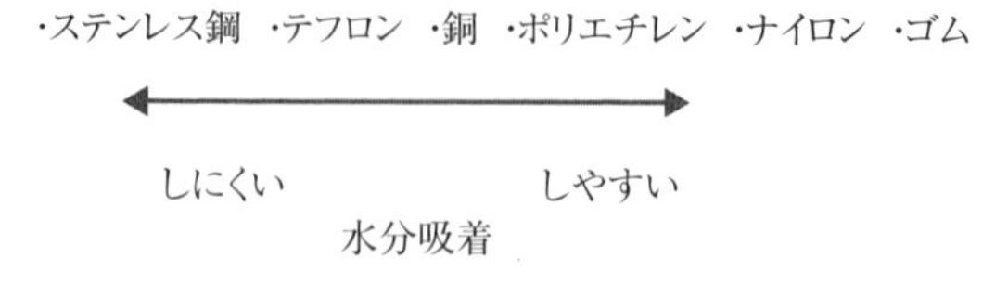

図4.9　ガスホースの材質と水分吸着性

けるフレキシブル・ホースの材質には，ゴムよりテフロンまたはポリエチレンが良い。長時間休止したあとは，溶接開始前にアルゴンガスをあらかじめ流し，配管途中の水分および残存空気を取り除く。

4.3.4　シールドジグ

(1) トーチシールドジグ

トーチシールドジグ（装置）は，トーチの構造に含まれている。ノズル径は細すぎると溶接部を十分にシールドできず，太すぎると不必要にガスが必要となり，また溶接部が見にくくなるので，適正サイズを選ぶ必要がある。ノズルの他，オプションとしてガスレンズなども選択できる。透明なガスノズルやガスレンズもある。

シールドガスの流量は少なすぎるとシールド性が悪くなるが，逆に流量が多すぎても大気を巻き込みやすくなり，シールドの効果がなくなる。シールドガスの流速はほぼゼロに近く，周辺雰囲気とアーク近傍の雰囲気を十分にアルゴンガスで覆うことが理想である。ノズル径，継手形状，溶接速度などを考慮して，最適シールドガス流量を選定する。シールドガスの流速を過度に大きくしないことはアフターシールド，バックシールドでも重要な注意事項である。

特例として，溶接部が点状で小さいときなどトーチシールドだけでシールド部分が約450℃以下になるまで保持できる場合は，アフターシールドジグなしのトーチシールドだけで溶接することもある。

(2) アフターシールドジグ

(a) アフターシールドの目的

溶接部温度が約450℃以下に下がるまでは，酸化防止のため溶着金属および熱影響部の表面を大気から遮断し，シールドする必要がある。さらに，極力早く450℃以下になるように冷却する必要がある。これがアフターシールドの目的である。

チタンおよびチタン合金のティグ溶接やミグ溶接では，ステンレス鋼の溶接に比して，このアフターシールドとバックシールドがきわめて重要である。

(b) アフターシールドジグの構造

アフターシールドジグの構造は，トーチへの取付け部，シールド部をカバーするケース部，ケース内部のウールおよびガス管，ガスの採り入れ口，スカート部からなるのが標準である。図4.10にアフターシールドジグの構造図例を，写真4.1にその一例を示す。

アフターシールドジグは，溶接対象物の形状や品質条件に合わせて個別に設計する必要がある。溶接速度が速い場合は，ジグの長さを長くし，開先幅が広い場合は，ジグの幅を広くする。直径の小さい管の円周方向の溶接では，管の曲率に合わせてジグ底にカーブをつける。すみ肉溶接では，ジグ底の形状をすみの角度に合わせる。

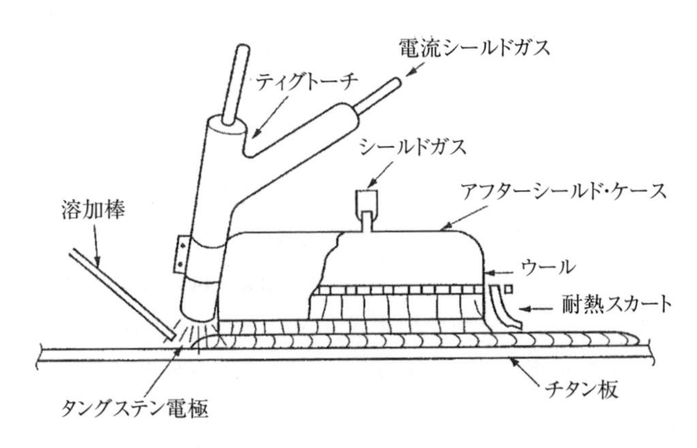

図4.10　アフターシールドジグの構造例

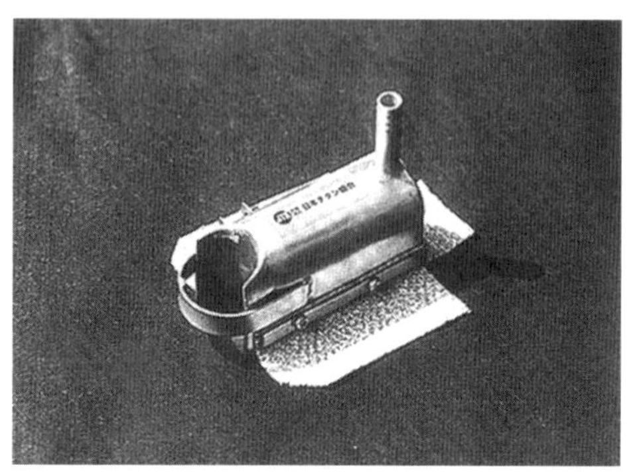

写真4.1 アフターシールドジグの例

(3) バックシールドジグ

バックシールドとは，溶接母材の裏側，すなわち溶接トーチの反対側から開先または母材および裏ビードをシールドガスで保護することである。その装置をバックシールド装置（ジグ）という。アフターシールドと同じく，溶接作業者が対象物に応じて設計，製作するのが普通である。

突合せ部のルート間隔ゼロの継手で，板厚が大きく裏面に熱影響が及ばない場合，バックシールドを使用しないこともあるが，通常は必ず使用する。多層盛溶接では，初層溶接が完了した後でも，バックシールドをすることが望ましい。これは，熱により裏側が酸化や窒化し，変色するのを防ぐためである。

溶接構造物の設計を行う際は，製作手順および溶接の手順やシールド方法も考えることが重要である。

(a) 板のバックシールドジグ

板の突合せ溶接では，通常，バックシールド装置ジグは銅板，ステンレス鋼板，アルミニウムまたは鋼板などの金属を単独または組み合わせて製作する。一般的な構造は，バックシールドジグの中央に溝を付け，溝の底または横壁にガスの流出口を適当なピッチで配列する。板の突合せ溶接のバックシールドジグには，母材の突合せ部を目違いのないように，また角変形が出ないように押さえジグを取り付けることが多い。

JIS Z 3805でのティグ溶接の試験では，板の寸法が溶接後で約幅200mm×長さ150mmで，ミグ溶接の試験では，約幅200mm×長さ200mmである。大体こ

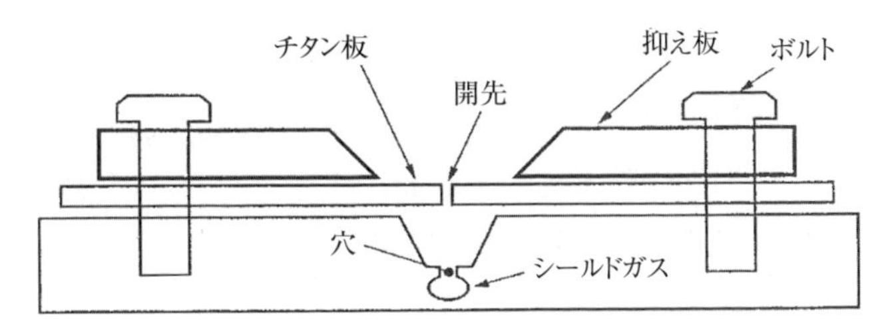

図4.11　板のバックシールドジグの例

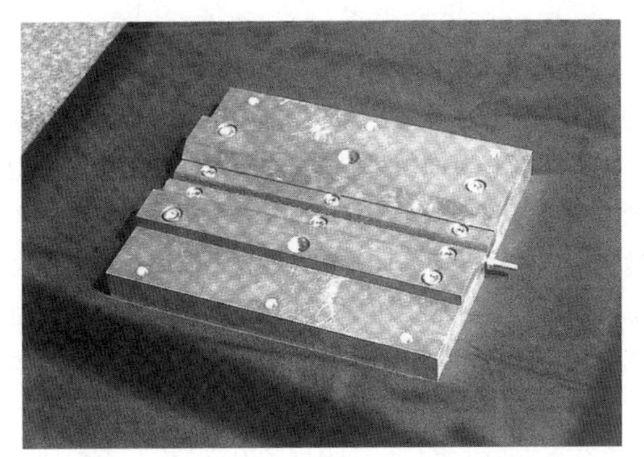

写真4.2 バックシールドジグの例

の条件に適したバックシールドジグとして，図4.11に「板のバックシールドジグ」の概念図を，写真4.2に一例を示す。

板のバックシールドジグは，水平下向だけでなく立向，横向および上向の溶接に対応できるようジグの取り付け方法を考えておく必要がある。

(b) 管のバックシールドジグ

管の溶接は種々の条件があり得るので，それぞれに適した設計が必要である。ここでは最も多い例として，管の突合せ溶接を，管の外側から溶接する場合の設計の基本を述べる。管を外側からティグ溶接する場合は，裏波ビードを確実に出した裏波溶接が必要となることが多いので，外から見えない内部の裏波ビードの品質を確保するため，バックシールドが非常に重要である。

短い管の突合せ溶接のシールドジグの例として，JIS Z 3805の実技試験での管の溶接を対象として以下に説明する。構造としては，溶接部をほぼ中央にし

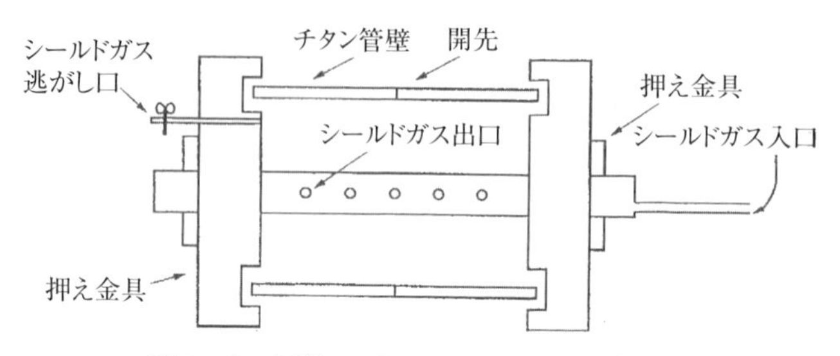

図4.12　短管のバックシールドジグの例

て管の両側を円盤状の板ではさみ，管の内部にシールドガスを流す。中心の保持棒で円盤状の板の間隔を決め，管の端部に密着させる。図4.12に短管のバックシールドジグの例を示す。バックシールドジグにはガスの逃がし口をつける。この理由は，一定流量のアルゴンガスを送給して溶接する場合，管内部の大気を排出する目的と，管の溶接が進み，開先の開いている面積が小さくなると，開先から流出するガスの圧力が高くなり，第1層の裏波溶接が困難になるからである。すなわち，開先の開いている面積が狭くなっても，開先からのガス圧力が高くなりすぎないように，このガスの逃がし口をつける。

あらかじめ不燃性や難燃性の粘着テープで開先の開いた部分を塞ぎ，徐々に剥がしながら溶接する方法もある。この場合は，テープを溶接熱で燃やしたり焦がしたりすることにより出てくるガスがコンタミネーション（汚染）のもとになるので注意する。

細く，長い管や複雑な形状の継手のバックシールドジグには各種の工夫がなされているが，ここでは説明を省略する。

(4) イナートガス溶接チャンバー

シールドジグが使用できないような複雑な形状の溶接をするとき，特別な方法として，イナートガスで充満したチャンバー内で溶接する。この溶接方法は，最も信頼性の高いシールド溶接である。

イナートガス溶接チャンバーには2種類の方式がある。大気置換型と真空置換型である。大気置換型はチャンバー内の空気を押し出し，イナートガスに置き換えるタイプであり，真空置換型は一度チャンバー内を真空にしてからイナートガスで充満する方法である。イナートガス溶接チャンバー内での溶接では，アフターシールドおよびバックシールドジグおよびトーチシールドも不要なので，溶接部を観察しやすく，品質要求の高い溶接には最適である。短所としては，設備費が高いこと，材料の出し入れが簡単でないこと，配管工事などのような現場工事では使用できないことなどがある。

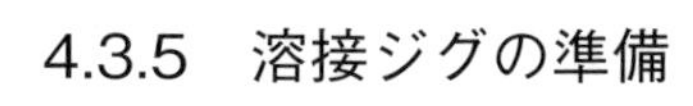

4.3.5　溶接ジグの準備

溶接ジグには製品の精度を確保し，作業能率を上げ，信頼性の高い溶接を行うため，種々の形のものを使用している。溶接ジグは製品の形状に合わせるものであるから，溶接作業に適したものを選ぶ必要がある。図4.13(a) に溶接技術検定試験によく用いる拘束ジグ，図4.13(b) には円形の構造物に適した簡単な回転ジグを示す。

溶接ジグには作業性を良くし，欠陥の少ない溶接をするため，下向姿勢でいつも作業ができるようにしたポジショナなどの汎用ジグもある（図4.14)。また，同一形状のものを多量に生産するような場合にも，製品の形状や溶接法に合わせた種々のジグが使用されており，製品のコスト低減に役立っている。

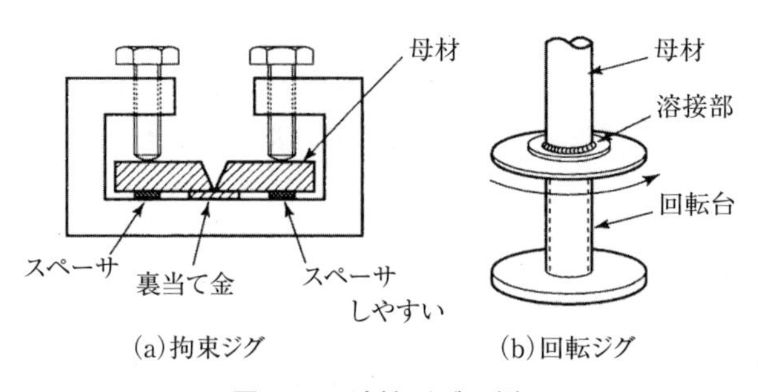

(a)拘束ジグ　(b)回転ジグ

図4.13　溶接ジグの例

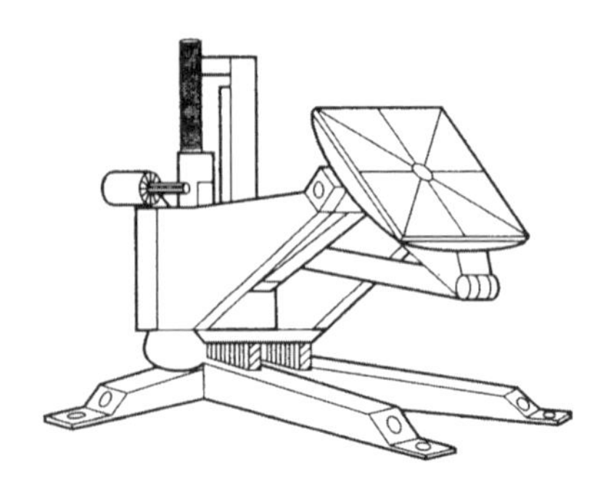

図4.14　ポジショナの例

4.3.6　タック溶接（仮付溶接）

準備が完了したら，次にタック溶接を行って部材を組み立てる。タック溶接はとかく軽視されがちであるが，本溶接よりむしろブローホール，溶込不良や割れなどの欠陥が生じやすく，本溶接を行ったあともタック溶接部の欠陥が残り，放射線透過試験などで，それらの欠陥が検出される場合が多く，さらに，溶接後の製品寸法，精度にも大きな影響を与える。したがって，タック溶接を行う場合は次の①～⑤の一般事項に注意しなければならない。（図4.15）

①タック溶接は溶接長が短いので，欠陥ができやすく，溶接部が不健全になりやすいため，一般に1つのビードの長さを10～30mm程度にする。

②融合不良などの欠陥を生じないように細心の注意を払って溶接する。特に，角部や端部では溶接欠陥が生じやすいので注意する。

③強度が要求される部材では，本溶接を行うときにタック溶接部を全部取り除くか，ジグなどで拘束するだけでタック溶接を行わない。

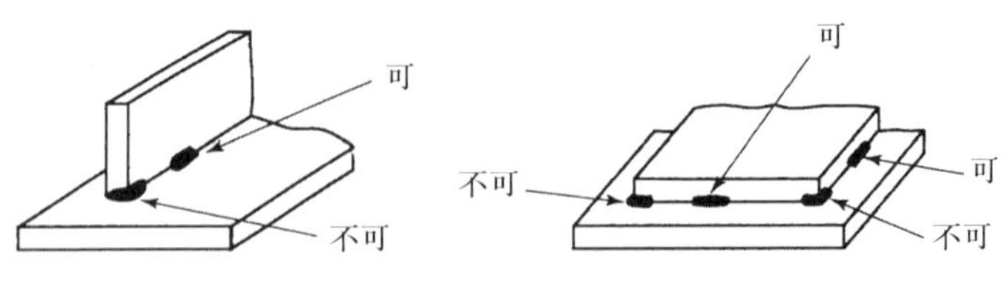

図4.15　タック溶接の位置

④溶加材は，本溶接と同様に母材の性質に適合したものを使用する。
⑤本溶接と同様に，十分な技量を有する者が行う。

4.3.7　溶接条件

本項では，開先形状や溶接条件など本溶接に際して留意すべき基本事項を，主として板の突合せ溶接をティグ溶接法によって行う場合を対象として説明する。基本的な考え方は，ミグ溶接法にも共通するものである。

(1) 溶接電流

溶接電流値は，母材の種類，板厚，継手形状，溶加材の種類および溶接姿勢などによって異なる。

溶接電流が適正電流よりも大きいと，アンダカットを生じやすくなり，ビード外観が悪くなる。一方，小さすぎる場合には，オーバラップを生じやすくなり，溶込不良などの欠陥も発生しやすくなる。

(2) 電源の種類

アーク溶接は交流または直流によって行われ，直流の場合には棒プラスと棒マイナスの２種類がある。直流のアークは交流に比べて安定している。

ティグ溶接においては，タングステン電極の消耗を少なくし，母材溶込みを向上させる目的で，電極をマイナス極に接続する。

(3) 溶接速度

溶接速度は，溶加棒の種類，継手形状，母材の性質およびウィービングの有無などによって決まる。溶接電流，アーク電圧を一定にして，溶接速度を増すと，ビード幅は減少するが，溶込みはやや増加し，ある程度以上速くなると溶込みは減少し，あまり速くするとアンダカットなどの欠陥が発生する。実際には，遅すぎるよりむしろ速い方がよく，ひずみ防止の点からもビード外観が損なわれない限度で速い方がよい。

(4)　磁気吹き

ティグ溶接では磁気吹きが起こることがある。磁気吹きとは，溶接電流によってアークの周りにできる磁気が，アークに対して非対称となるために起こる現象であり，パイプなどの長いもの，厚板の開先内，母材の端部などを溶接する際に，アークが不規則に吹かれて動き回る現象（図4.16参照）をいう。磁気吹きが生ずると，アークの向きが変わり，アークの安定性やビード形状に影響を与え，良好な溶接結果が得られなくなる。磁気吹きの一般的な対策としては次の①～⑤の方法が有効である。

①母材アース接続部から遠ざかる方向に溶接を進める。

②特に細長い母材では，溶接ケーブルを分割して両端に母材アース接続をとる。

③タブ板を使用し，母材への取付部の溶接を十分に行う。

④余分な溶接ケーブルは，溶接線の近くに置かずに，できるだけ離す。

⑤円周溶接の場合，溶接ケーブルを溶接物の周囲に何回も巻かない。

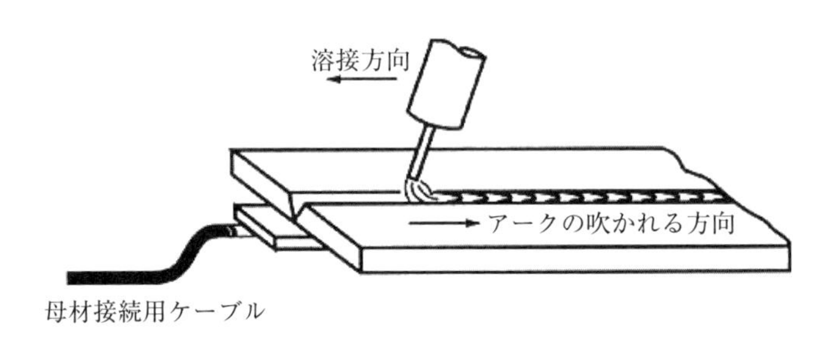

図4.16　磁気吹きの例

4.3.8　本溶接

本溶接は材質，板厚，継手形状および溶接姿勢などに応じて，溶加材の種類，棒径，溶接電流および溶接速度などの溶接条件を選定し，良好な溶接をしなければならない。溶接順序や層数などは，特に溶接能率あるいは変形を少なくする上で考慮する必要がある。本溶接に際して注意しなければならない点は，次のとおりである。

①溶接ビードの始点・終点やビードの継目には欠陥を生じやすいので，細心の注意が必要である。

②溶接終端部に生じるクレータ（ビードの終端にできるくぼみ）には欠陥を生じやすいので，クレータをできるだけなくし（クレータ処理），ビードをつなぐ場合には，図4.17に示すように後戻りスタート運棒法（バックステップ法）を行って，クレータを十分盛り上げ，ビード高さを正常な部分と揃える。

③溶接電流の選定は，良好な溶接を行うために最も重要なことであり，適正な電流でアンダカット，オーバラップおよび融合不良のない溶接を行わなければならない。

④溶加棒の角度が悪いと，溶込不良，アンダカットなどの欠陥が生じやすいので，正しい角度をとるように注意しなければならない。また，アークの長さが長くなり過ぎると，アークは不安定になって，溶込みが減少し，スパッタやブローホールなどの欠陥が多くなる。

⑤ビードには，直線（ストリング）ビードとウィービングビードがある。ウィービング（図4.18参照）は，各層の溶着量を増やし，幅広いビードを作るために用いる。ウィービングを行う場合は，ビードの波形が不揃いになりやすく，また，アンダカットが生じやすいので，根気よく細心の注意を払っ

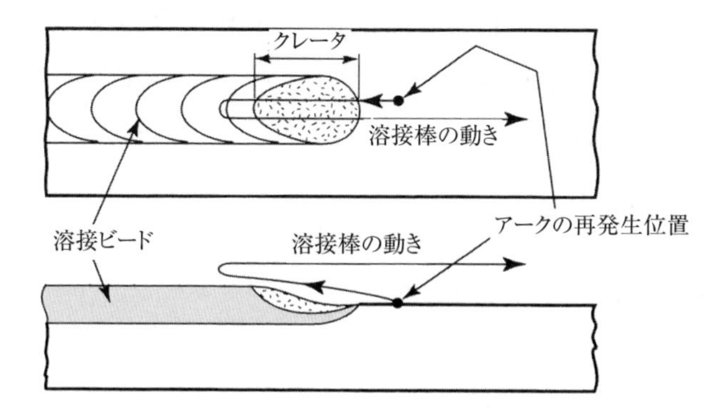

図4.17　ビードの継ぎ方（後戻りスタート運棒法の例）

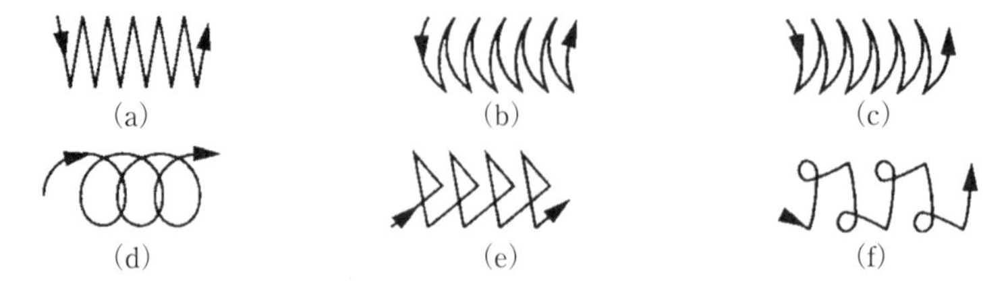

図4.18　ウィービングのいろいろな方法

て施工することが大切である。しかしながら，チタンおよびチタン合金の溶接では原則として，ストリンガービードにする。これはウィービングを行うと，シールドガスの流れを乱して溶接部および熱影響部に大気によるコンタミネーションが発生する可能性が高くなるからである。

⑥寒冷時や板厚の厚い母材を溶接する場合には，湿度による水滴の付着を防止するために常温に加熱した方がブローホールなどの欠陥が発生しにくい。

⑦完全溶込み溶接を要求される場合には，裏はつり（バックチップ）を行った後，裏溶接を行う施工法を用いることが多い。裏はつりでは，図4.19のように表側溶接の1層目を裏側からアークエアガウジング，プラズマガウジング，グラインダあるいは機械切削などで完全に除去する。この作業が不十分な場合は溶込不良などの欠陥が残る場合がある。

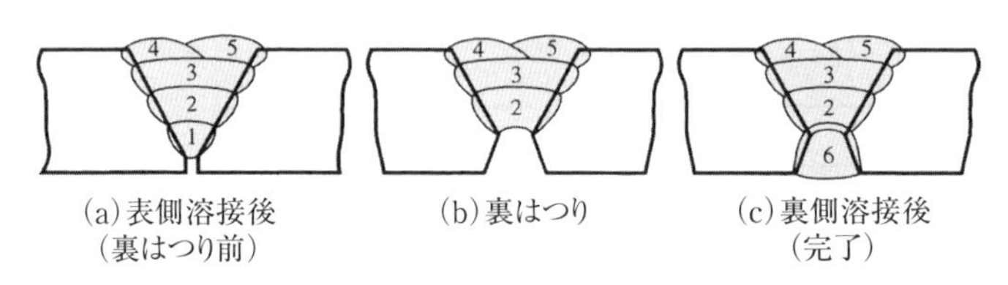

図4.19　裏はつりを行う溶接施工の例

4.3.9　シールドの確保

(1) プリフローとアフターフロー

溶接電流が流れる前にあらかじめ，ある時間シールドガスを流すことを「プリフロー」といい，溶接電流を切った後に流すことを「アフターフロー」という。チタンおよびチタン合金のティグおよびミグ溶接では，プリフローとアフターフローは必ず行うことが重要である。

(2) アフターシールドジグの姿勢

チタンおよびチタン合金の溶接では，アフターシールドジグを用いる必要がある。アフターシールドジグは母材との間で同じすき間を保ち，溶接線と同じ方向に向けなければならない。アフターシールドジグはトーチに直結しているので，トーチの角度が変化するとジグとトーチとの間にすき間ができ，そのすき間から大気を吸い込むおそれもある。図4.20にアフターシールドジグの姿勢を示す。

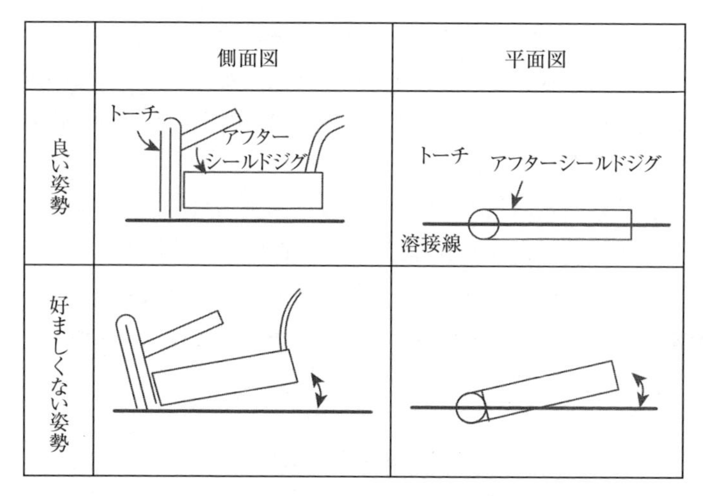

図4.20　アフターシールドジグの姿勢

(3) シールドガスの圧力

シールドガスは溶接部とその近傍を十分に覆って，大気を遮断（シールド）する。シールド部分ではガス量は十分に，そしてガス圧はゼロに近く設定する。ガス圧が高すぎると大気を巻き込むおそれがある。

4.3.10　管の本溶接

管の突合せ溶接は，多くの場合，内面からの作業ができずに，管の外面からの片面溶接となる。また，現地配管のような固定管の溶接では溶接姿勢が連続して変化するため，平板の溶接に比較して大変難しいといえる。本項では，管の溶接施工法を例に挙げて説明するが，片面溶接法やバックシールドなどの基本事項は，板の溶接施工の際にも共通するものである。

(1) 片面溶接施工法の種類

管の溶接法におけるティグ溶接は，裏当ての有無などで大別すると**表4.6**のようになる。

配管あるいはパイプラインの溶接に当たっては，材種，管寸法，用途，使用条件，溶接部の要求品質，溶接現場の環境，溶接技能者の技量などを考慮して，溶接施工法を選定することが大切である。特に，初層ルートパスの溶接には最大の注意と関心を払うことが必要で，ルートパスの良否が継手全体の性能を左右するといっても過言ではない。

ティグ溶接法は溶込み状態を調節しやすく裏波溶接に適している（表4.6）。初層もしくはもう1，2層の裏波溶接およびこれらの層をティグ溶接で行い，残層の溶接をミグ溶接する組み合わせ施工法は，品質と能率を確保するのに適しているが，全層ティグ溶接を用いるケースが，工場および現地の溶接では多い。

表4.6　片面溶接施工法の種類

溶接施工法	概念図	裏当て
ティグ溶接		あり （バックシールドあり）
		なし （バックシールドあり）

(2) 裏波溶接と開先形状

管の溶接では溶込不良のない安定したルートパスの溶接を行うことが肝心である。したがって，溶接実施に当たっては施工法に適した開先の準備が必要となる。管の突合せ片面溶接で使用する開先形状には，表4.7に示すような種々のタイプがある。開先条件としては開先角度，ルート面，ルート間隔，目違いなどを管全周にわたって均一に精度よく保ち目違いなどが生じないことが望ましい。

開先角度が狭すぎる場合には運棒操作が難しくなり，溶込不良や融合不良などの欠陥が発生しやすくなる。裏波は，ルート面が大きくなると出にくくなり，小さいと出やすくなる。また，ルート間隔が狭い場合には裏波が出にくくなるが，広い場合には出やすくなって溶落ちの危険性が増加する。したがって，良好な裏波ビードを得るためには，ルート面が大きい場合にはルート間隔をやや広めに，小さい場合には狭めにすることも必要である。

ティグ溶接によるルートパス溶接においては，管内面シールド（バックシールド：本項（4）参照）が必要となる。

表4.7　片面溶接開先例

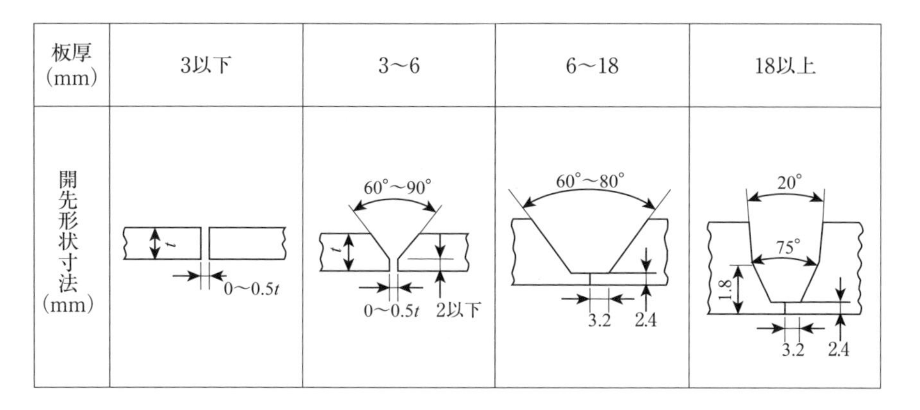

板厚(mm)	3以下	3～6	6～18	18以上
開先形状寸法(mm)	t 0～0.5t	60°～90° t 0～0.5t　2以下	60°～80° 3.2　2.4	20° 75° 1.8 3.2　2.4

(3) 溶接方法

水平固定管あるいは傾斜固定管を溶接する場合は，最も高度な技量が必要である。それらの継手は一般に管の下部（時計の6時の位置）から溶接を開始し上進させる。図4.21に水平固定管の溶接順序を示すが，溶接ひずみを分散させるためにはできるだけ対称的に溶接することが望ましく，比較的大径管の溶接では同図（b）のように施工する場合もある。鉛直固定管の溶接は，溶接姿勢が横向となり，ほぼ下向に近い溶接電流が使用できる。

しかし，あまり大きなウィービングはできないので，パス数はかなり多くなる。

水平固定管の裏波溶接においてティグ溶接トーチの角度を適正に保持することは，最も難しいテクニックの1つといえる。図4.22はトーチの適正角度を

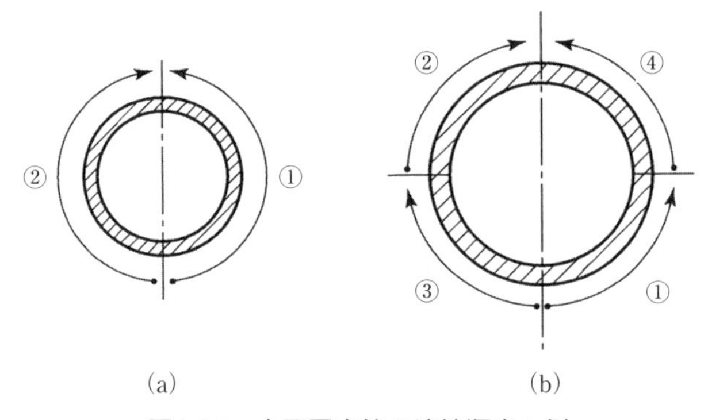

図4.21　水平固定管の溶接順序の例

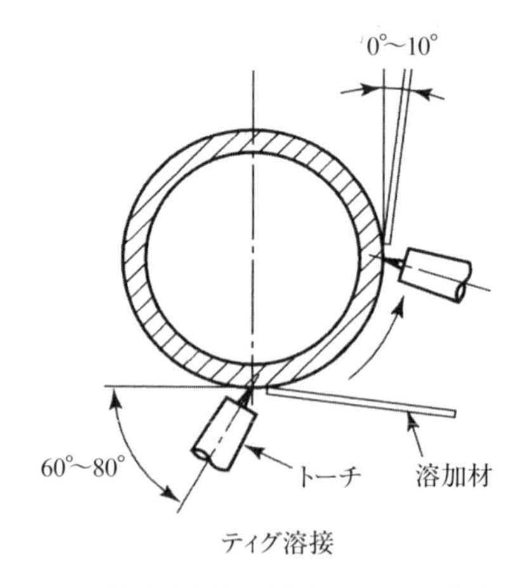

図4.22　水平固定管に対するトーチ角度の例

表4.8　ティグ溶接によるルートパスの溶接条件（水平固定管）

溶加材径(mm)	電極径(mm)	極性	電流(A)	電圧(V)	速度(cm/min)	運棒法	シールドガス	
							流量(l/min)	管内面(l/min)
1.6 2.0 2.4	1.6 2.4	DC (－)	50 ∫ 130	9 ∫ 16	4 ∫ 12	小さな ウィービング	8 ∫ 15	2

表4.9　ルートパス溶接の溶込み具合の調整

運棒操作		ティグ溶接
アークの位置		深 浅
ウィービング幅	狭くする	深
	広くする	浅

表しているが，刻々変化していく溶接姿勢に合わせて，それを調節していく必要がある。表4.8にティグ溶接によるルートパスの溶接条件例を示す。裏当てなしで裏波を一様に出すことは非常に難しく，溶融池の溶け具合や沈み方などで判断して調整する必要がある。ルートパスの溶込み具合は，基本的には電流の変化によって調整するが，裏波溶接のための技能による調節も必要となる。

それらの要領を表4.9に示す。

表4.10はティグ溶接によるルートパス溶接において発生しやすい溶接欠陥と，その発生原因を示している。

（4）管内面シールド

ティグ溶接を用いるルートパス溶接においては管内面の溶接部をアルゴンガス雰囲気に保つこと（バックシールド）が必要になる。バックシールドが不十分であると，裏波ビードやその近傍が酸化や窒化して充分な品質が得られない。

バックシールドの方法には，管溶接では管内にアルゴンを充満，置換する方法, 板溶接では裏面の溶融部周辺を局部的にガスシールドする方法などがあり, その要領は図4.23のとおりである。

ルートパスの溶接が完了しても, 次層の溶接において裏波やその近傍が酸化や窒化することがあるので, 通常は, 2層もしくは3層目以上の溶接が終わるまでバックシールドを行う。

表4.10　ルートパス溶接において発生しやすい欠陥と原因

欠陥の種類	概念図	欠陥の状態	原因
ルートの溶込不良		開先ルート部が十分に溶融されず, 角が露出している。	溶接入熱, 特に電流が低い。開先内面の目違い。
内面のへこみ		開先ルート部は完全に溶けているが, 裏波ビードが連続的にへこむ。	溶加材の供給が少ない。〔上向き位置では, 溶加棒で溶融金属を押込むようなテクニックが必要。〕
過大溶込み		初層ビードが過大に突出た状態。	ルートパス溶接または次層の溶接における溶込み過大。
裏波ビードの酸化		裏波ビードが酸化し, 花咲き状態。	管内面のバックシールドが不十分。

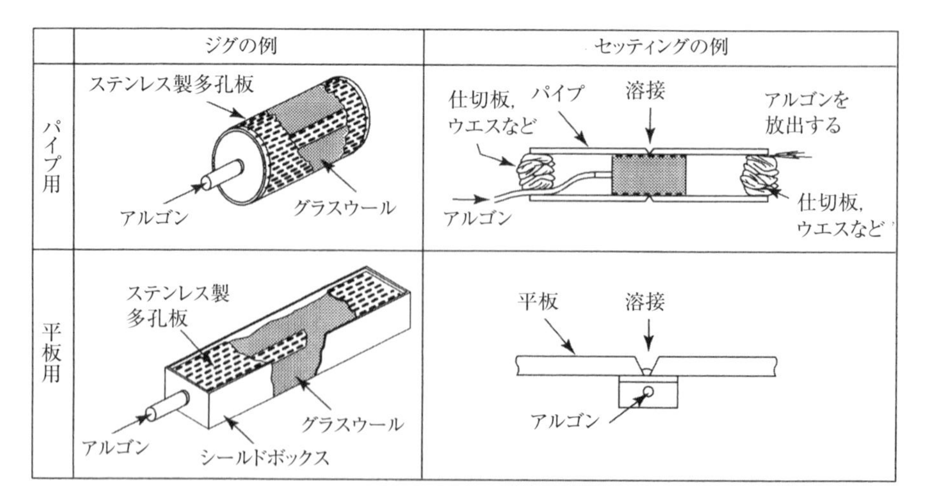

図4.23　バックシールド方法の例

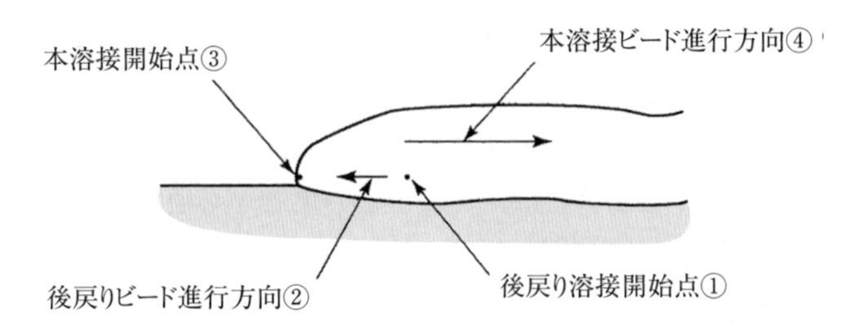

図4.24　溶接スタート部における後戻り運棒法

溶接のスタート部においては後戻りスタート運棒法（バックステップ）または捨金法で運棒する。バックステップの模式図を図4.24に示す。

これらの他，気温が低い場合などは，作業条件によっては，ピットやブローホールを防止する目的で20～30℃程度に加温する必要があることも忘れてはならない。

4.3.11　溶接後の処理

(1) 溶接後の清浄

溶接終了後は，ステンレス鋼製ブラシまたはチタン製ブラシで表面の酸化皮膜を十分に除去する場合と除去しない場合があり，契約者と決定する必要がある。一般的には，表面の酸化皮膜は除去せず，溶接のままとする。また，グラインダ，ペーパーなどを使用する場合はチタン専用のものを用い，他の金属に使用したものと混同して使わない。グラインダを使用した場合には砥粒が残らないようにする。一般には施工することはないが，要望があり酸洗を行う場合は，母材に合った酸洗液を使用する。

(2) 溶接後の熱処理

チタンおよびチタン合金の溶接においては，溶接後の熱処理は，残留応力の緩和や寸法精度の確保のために実施される場合がある。熱処理条件（保持温度，保持時間，冷却方法など）は，チタンおよびチタン合金の種類および熱処理の目的に応じて異なるため，あらかじめ定められた指示に従わなければならない。

(3) 溶接後の表面処理

酸化スケールなどが溶接部の表面に付着することがあるが，これらを除去してはならない。除去する場合には，契約者との協議が必要である。

4.4 溶接による変形と残留応力

アーク溶接の場合には加熱が局部的であるため，溶接部が膨張，収縮するとき周囲の母材から拘束され内部に応力が発生し，変形が生ずる。したがって，完全に冷えた後の溶接構造物には，残留応力と変形が存在する。溶接による代表的な変形には，収縮変形と，溶接金属の断面内での非対称性から発生する角変形とがある。(図4.25参照)

純チタンは，炭素鋼に比べて熱伝導率が1/3と小さく，かつ溶融温度が高温のため投入された熱が逃げにくいので，溶接変形量が多くなる傾向がある。

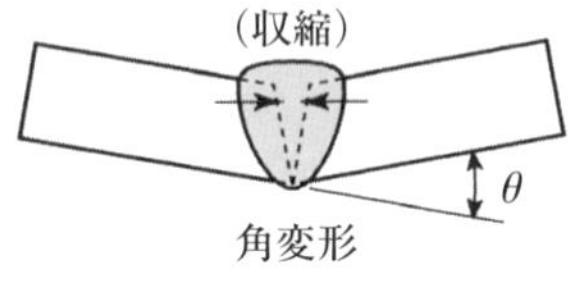

図4.25　角変形

4.4.1 溶接による変形の防止法

変形が生じた溶接製品は，寸法精度，外観上から検査で不合格となるものもあるので，溶接作業はできるだけ変形を少なくするように工夫しなければならない。一般の溶接構造物では材料取りを行う時点で，この収縮量に見合うだけ材料を大きく加工し，溶接による収縮が生じても，設計図どおりの製品寸法が得られるように板取りを行っている。

溶接作業時の注意事項

溶接作業で変形をできるだけ少なくするためには次の①～④に注意することが必要である。

①溶接部に与える入熱量をできるだけ少なくする条件で行う。

②開先角度はできるだけ小さくして，溶接金属の量を少なくする。

③熱が一部分に集中しないようにする。

④両面開先の場合は，開先の表側断面積：裏側断面積の比を6：4または7：3とし，それぞれの面からの溶接変形を互いに干渉させて，溶接部全体の最終的な変形を少なくする。

(1) 溶接変形の防止法と矯正方法

溶接による変形を防止する方法は種々あるが，主な方法を示すと次の①～⑦のとおりである。

①拘束法：拘束ジグを使用する方法。

②逆ひずみ法：図4.26のように溶接後に変形が生ずる方向を予想し，その逆方向に変形しておく方法。

③溶着順序を変える方法：熱を集中させないようにビードを置く順序を工夫する図4.27のような方法。

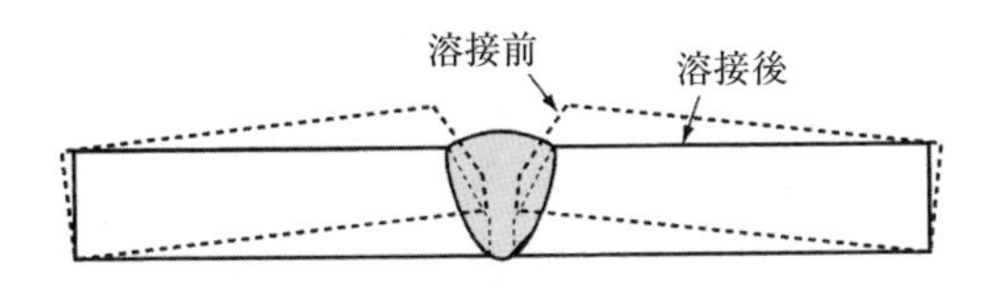

図4.26　逆ひずみ法

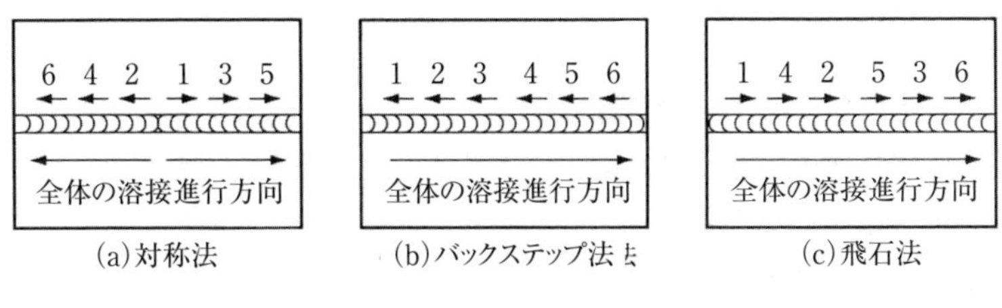

図4.27　溶接順序の例

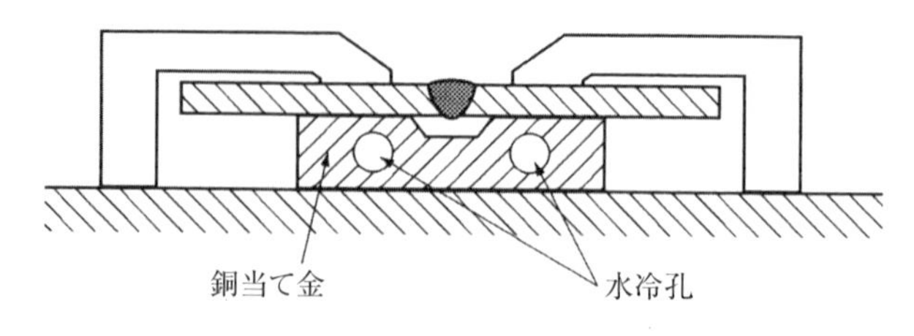

図4.28　冷却法の一例（シールド表示略）

④冷却法：熱が一部分に集中しないように，図4.28のように銅板などを当て急速に熱を逃がして冷却する方法。

⑤変形を機械的に取る方法：ロールあるいはプレスなどにかけて変形を取る方法。

4.4.2　残留応力の除去法

残留応力は，溶接構造物の強度に悪影響を及ぼす原因ともなるので，できるだけ少なくするように施工することが大切である。重要な溶接構造物では，溶接後熱処理などによって残留応力を低減させる場合もある。

残留応力を低減させる方法には，次のようなものがある。

（1）溶接後熱処理

溶接後熱処理は，溶接構造物に対して溶接施工後に残留応力の緩和を目的として熱処理を行う方法である。ただし，完璧なシールドが必要となるため真空チャンバーなどで実施する。

（2）その他の残留応力低減法

管の周溶接部の内面に発生する引張残留応力を低減する方法として，溶接中に管内面を水冷しながら施工する方法や，溶接後に管内面を水冷しながら管外面側から高周波加熱する方法がある。

4.5 溶接欠陥とその対策

開先の設計，継手準備，材料の選定，溶接施工などが適正でないと溶接部に種々の欠陥を生じ，溶接部の性能が損なわれる。一般に溶接欠陥といわれるものは次の①～④に分類できる。

①ビード形状不良，のど厚不足，アンダカット，オーバラップ

②ブローホール，ピット

③溶込不良，融合不良

④割れ

4.5.1　ビード形状不良，のど厚不足，アンダカットおよびオーバラップ

ビード形状は，溶接部の強度に大きく影響する。ビード形状不良による欠陥としては，寸法不良（脚長不足，余盛不足および過大など），ビードの不揃い，クレータ処理不良やビードの溶落ちなどがある。

これらの欠陥は，ほとんどが不適正な溶接条件や未熟な技能によって生じ，いずれも，継手の強度を低下させる。アンダカットやオーバラップは切欠きとなって応力集中を起こし，割れの起点となりやすい。

また，これらは疲れ強さを低下させるので，重要な構造物には特に注意が必要である。これらの模式図を図4.29に示す。

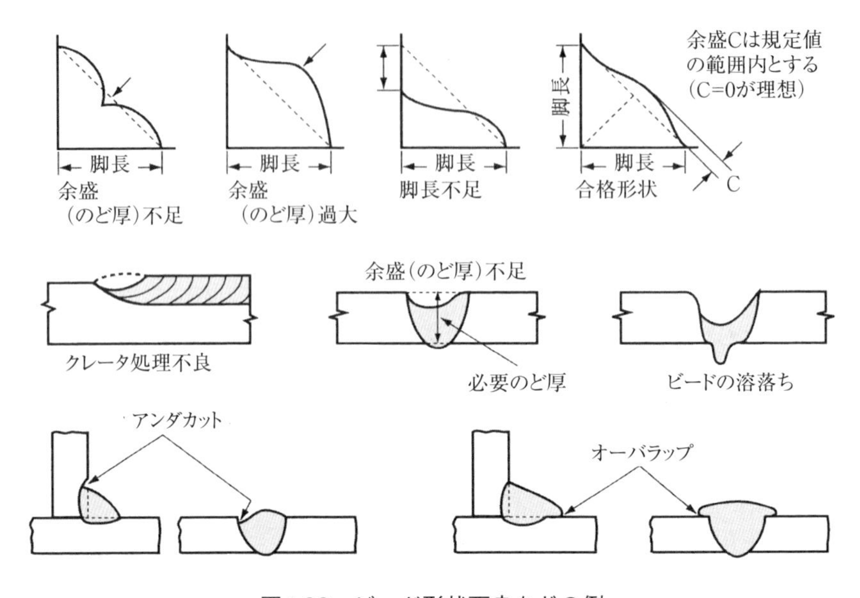

図4.29　ビード形状不良などの例

4.5.2　ブローホールおよびピット

ブローホールは，溶融金属中に含まれるガスが金属の凝固の際に表面まで浮上することができずに，ビード内部に封じ込められて，気泡として残ったものである。ブローホールは球形に近いものが多いが，細長いものを特にパイプとよぶことがある。この気泡がたまたまビード表面に出て，くぼんだ形になっているもの（開口したブローホール）をピットとよんでいる。

ブローホールおよびピットは，ミグ溶接で現われやすい欠陥である。図4.30にその例を，そして表4.11に原因と対策法を示す。

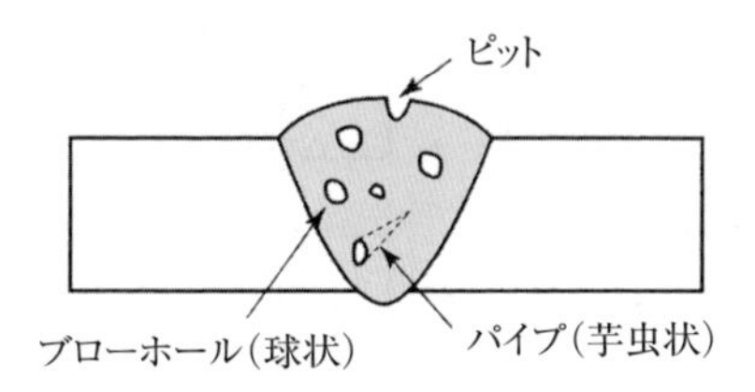

図4.30　ブローホールおよびピット

表4.11　ブローホールおよびピットの発生する原因と対策

原　因	対　策
母材の汚れ (油，ペイント，塗料などが付着)	開先面の油，さび，塗料，水分や酸化スケールなどを完全に取り除いてから溶接を始める。
ワイヤに水分が付着	ワイヤに水分を付着させないよう保管に注意する。
風の影響	衝立などで防風対策をとる。
ノズルがスパッタで詰まっている	ノズルに付着したスパッタは，ノズル内面を傷つけないように取り除く。ノズル内面にスパッタ付着防止剤を塗布する。
ノズル－母材間距離が大きすぎる	ノズル－母材間距離を25mm以内に保ち，トーチ操作をする。
アルゴンガスの流量が少ない	ボンベのゲージ圧が0.2～0.3MPa以下であれば，ボンベを交換する。外風に応じてガスの流量を増やす。ガス流量調整器の加温ヒータを確認する。ガスホースや接続部のもれを点検，修理する。
アルゴンの純度が低い	アルゴンガスJIS 1種を推奨する。ガスの配管経路を点検する。
ワイヤ突出し長さが短すぎる (ミグ溶接の場合)	ワイヤ突出し長さを30mm 以上とする。

4.5.3　溶込不良および融合不良

溶込不良は，設計上完全に溶け込まなければならないところが溶け込まないで残った欠陥である。図4.31にその例を示す。

また，融合不良は，図4.32のように溶接金属と開先面あるいはビードとビードの間が融合していない部分のことをいう。

溶込不良および融合不良ともに，継手の強度を著しく低下させるものであり，あってはならない欠陥である。これらの欠陥の防止策を表4.12に示す。

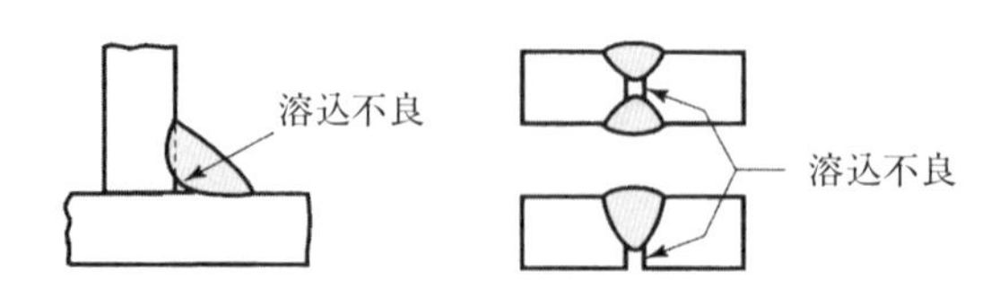

図4.31　溶込不良

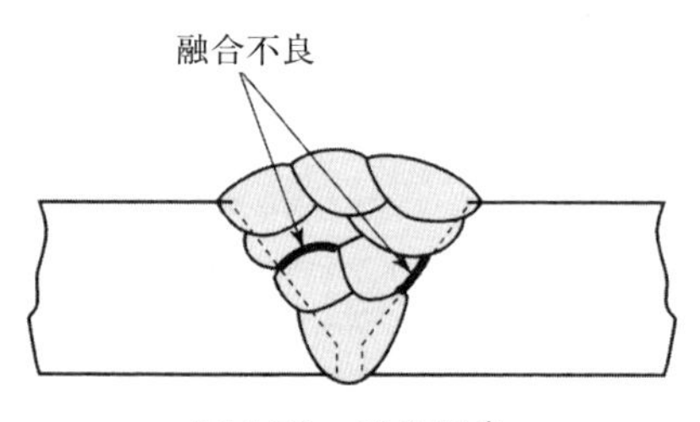

図4.32　融合不良

表4.12　溶込不良および融合不良の対策

溶接欠陥の種類	主な対策
溶込不良 融合不良	①ルート間隔，ルート面，開先角度を所定の状態に修正する。 ②溶接電流を上げる。 ③適当な溶接速度まで上げる。 ④アーク長を短めにする。 ⑤ワイヤのねらい位置に注意する。 ⑥ガスノッチや，前層の凹凸の著しいビード形状は滑らかに仕上げる。 ⑦表層の初層の欠陥を除去する程度まで裏はつりをする。

4.5.4　割れ

溶接部に生じる割れは最も危険な溶接欠陥で，わずかな割れでも溶接構造物の使用状況によっては重大な事故の原因となることがある。溶接割れには発生する温度によって，高温割れと低温割れがある。しかし，チタンおよびチタン合金の高温割れ（凝固割れ）感受性は低く，特に工業用純チタンおよびTi-

6Al-4Vでは凝固割れは起こらない[1)]。β型合金では，純チタンおよび$\alpha+\beta$型合金に比べて，わずかに凝固割れ感受性は高くなるが，オーステナイト系ステンレス鋼のSUS316とほぼ同程度である[1)]。また，純チタンでは溶接後に拡散性水素による低温割れも起こらない。

しかしながら，チタンの溶接部では，曲げ加工などによって図4.33[3)]に示すような割れが発生することがある。チタンは溶融状態および高温では非常に活性なため，4.3節で述べたシールド条件が不良な場合は，大気中のOやN，Hが溶接金属や熱影響部に混入・吸収され，チタンの酸化物や窒化物，水素化物などが生成し，混入するOやN，Hが増加するにつれて，図4.34[3)]に示すように，溶接金属の硬さが増加してぜい化する。このことにより，チタン溶接部で割れが発生する。また，図4.35[3)]に曲げ試験で発生する割れの有無に及ぼすOおよびNの影響を示す。OおよびNは曲げ延性を低下させることから，溶接金属中のOおよびNの量が高い範囲で割れが生じるようになる。したがって，このような割れを防止するには，適正なシールド条件にて溶接することにより，OやN，Hの混入を防ぐことが重要となる。

また，TiとFeが反応すると，脆いTiFeなどの金属間化合物が生成し，著しくぜい化する。第5章でも述べるが，チタンとステンレス鋼などを直接溶融溶接すると，溶接金属中に脆い金属間化合物が生成し，割れが発生するので，注意する必要がある。

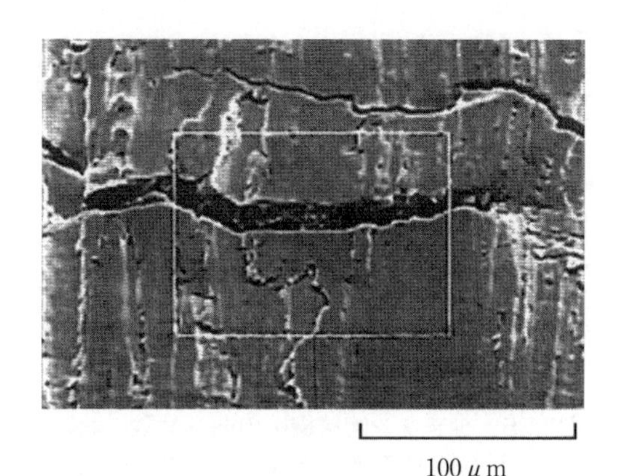

図4.33　突合せ溶接部の表曲げでの割れ

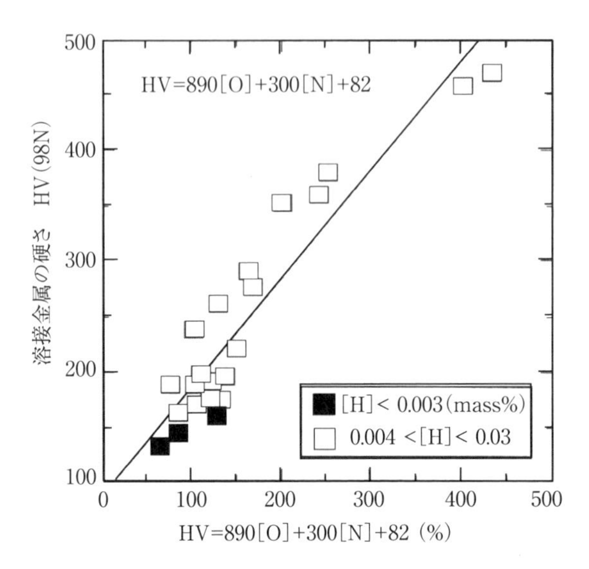

図4.34　純チタン溶接金属の硬さに及ぼすガス成分(N, O, H)の影響

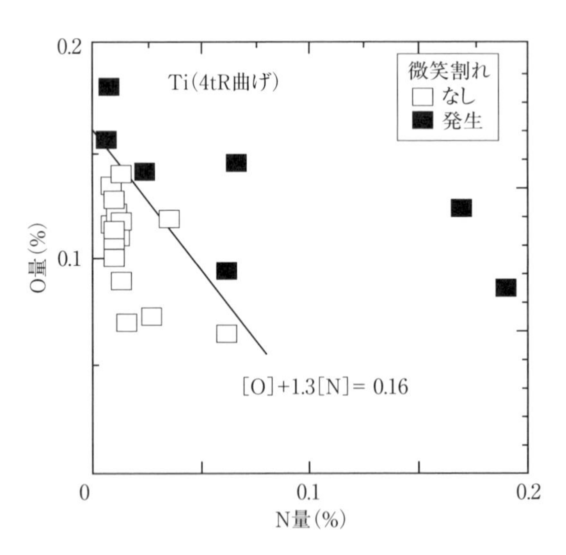

図4.35　純チタン溶接継手の曲げ試験における
割れ感受性に及ぼすガス成分(N, O)の影響

【参考文献】

1）日本産業規格：JIS Z 3805 チタン溶接技術検定における試験方法及び判定基準
2）H.Inoue, et. al.：Welding Journal, vol.74（1995）, 21s
3）日本チタン協会編：チタン溶接トラブル事例集，産報出版（2019）

5 クラッド鋼およびライニングの溶接

異なる材料を組み合わせ，それぞれの材料に機能を分担させることで，構造物の高性能化や低コスト化の実現が可能となる場合が多い。このような異種材料を組み合わせた構造物の製作において，異材溶接は不可欠な技術である。しかしながら，チタンおよびチタン合金と構造材としての鉄鋼材料との組合せの異材溶接では，溶接金属中にTi-Fe系の硬くて脆い金属間化合物が生成して，割れが発生するなど継手特性が著しく劣化するため，溶融溶接による溶接継手の作製そのものが不可能である。したがって，チタン材料と鉄鋼材料の組合せでは，チタンクラッド鋼を用いて構造物が製作される場合がほとんどである。そこで，本章ではチタンクラッド鋼の溶接について主に解説する。

5.1 チタンクラッド鋼の概要

クラッド鋼とは，母材となる炭素鋼や低合金鋼に別の種類の合せ材を被覆した鋼材であり，合せ材がチタンおよびチタン合金のクラッド鋼がチタンクラッド鋼である。

チタンクラッド鋼の使用は，比較的安価な母材に強度をもたせ，合せ材のチタンにより耐食性を確保することで，構造物のすべてをチタンでつくるよりも安価になることを目的としている。また，クラッド鋼はロール圧延や爆着圧接などにより，製造される。表5.1にチタンクラッド鋼の種類を示す。

表5.1　チタンクラッド鋼の種類(JIS G 3603)

合わせ材(クラッド材)		母材
１種	TP270	炭素鋼または クロムモリブデン鋼
２種	TP340	
３種	TP480	
11種	TP270Pb	
12種	TP340Pb	
13種	TP480Pb	
15種	TP450NPRC	
16種	TP343Ta	
17種	TP240Pb	
18種	TP345Pb	
19種	TP345PCo	
20種	TP450PCo	
21種	TP275RN	
22種	TP410RN	
23種	TP483RN	

5.2 チタンクラッド鋼の溶接

チタンクラッド鋼同士を突合せ溶接する際の一般的な開先形状の例を図5.1に示す。チタンクラッド鋼の溶接施工における開先形状は，母材の板厚などの形態に応じて異なる点もあるが，図5.1に示すように合せ材のチタンおよびチタン合金と炭素鋼が溶融混合するのを避けるため合せ材を切削除去（カットバックと呼ぶ）する。

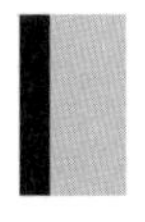

5.2.1 炭素鋼母材の溶接

前述したように，チタンは鉄鋼材料と溶接する場合，溶接金属には硬くて，

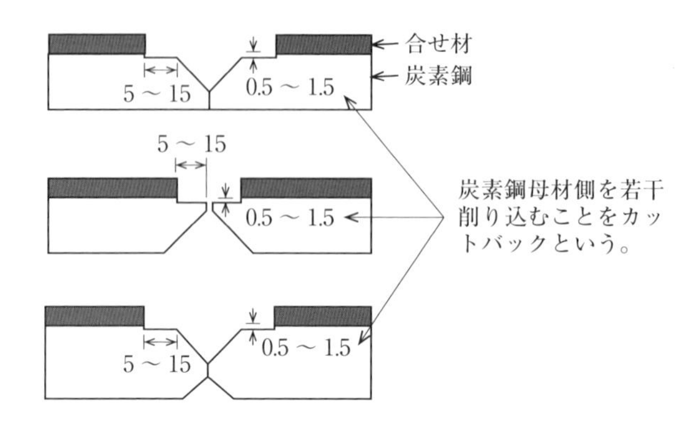

図5.1　チタンおよびチタン合金クラッド鋼の開先形状の例

脆い金属間化合物が形成されるために，チタンと鉄鋼材料との直接溶接は行わない。したがって，チタンクラッド鋼の突合せ溶接では，まず，図5.2のように，炭素鋼同士の溶接を行う。この際に使用する溶加材は，炭素鋼用の溶加材を用い，板厚相当まで積層する。ここで注意しなければならないことは，チタンと炭素鋼が同時に溶融しないようにすることである。

5.2.2　合せ材の溶接

炭素鋼の溶接が完了すると，図5.2に示すように，合せ材が除去された部分にスペーサ（インサートプレートもしくは捨て板：通常は純チタン）を入れ，

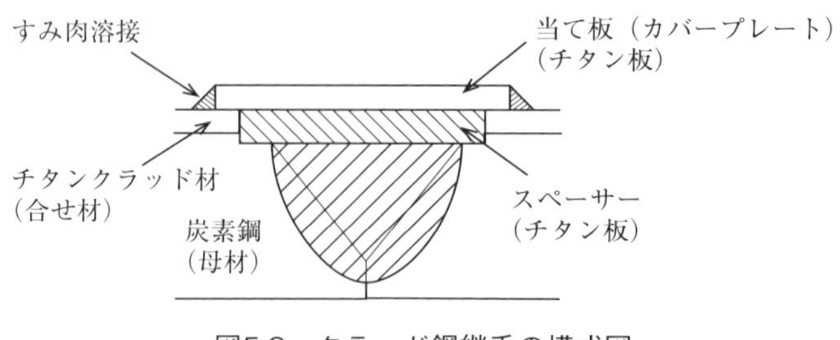

図5.2　クラッド鋼継手の模式図

スペーサと合せ材を，炭素鋼母材を溶融させないように連続または点付け溶接で固定する。スペーサを固定する時に炭素鋼母材を溶融させても割れが発生しないように純銀の溶加材（ろう材）を使用する場合もある。この時に用いる溶接方法もティグ溶接であるが，ティグアークでは，できる限りチタンおよび炭素鋼を溶融させず，純銀のろう材（硬ろう材）だけを溶融させる。

スペーサの固定が完了すると，その上からスペーサよりも幅の広いチタン板（合せ材と同種）を当て板（カバープレート）として載せて，合せ材と当て板を連続すみ肉溶接する。この際，合せ材であるチタンに適用する溶加材を使用する。また，この時も炭素鋼母材を溶融させない注意が必要である。

5.2.3　溶接施工法

上述したチタンクラッド鋼の開先形状および溶接施工の例を表5.2に示す。この際も4.3節で述べた適正なシールドを実施することが重要である。また，チタンクラッド鋼の溶接施工で特に注意することは，母材溶接時のスパッタや

表5.2　チタンクラッド鋼の施工例

溶接順序	開先形状および積層順序	合わせ材	溶接材料
合わせ材側からの溶接	5 ～ 15 0.5 ～ 1.5	チタンおよびチタン合金	母材に合致した溶加材　1.2mm
炭素鋼側からの溶接	5 ～ 15 0.5 ～ 1.5	チタンおよびチタン合金	母材に合致した溶加材　1.2mm
炭素鋼側からの溶接（両面）	5 ～ 15 0.5 ～ 1.5	チタンおよびチタン合金	母材に合致した溶加材　1.2mm

アークストライクなどによって，合せ材であるチタンへの損傷を防ぐことである。

チタンクラッド鋼の溶接に用いる溶接ジグ，ワイヤブラシなどの道具類や，開先面の清浄方法などは，必ずチタンクラッド鋼専用にする。

5.3 チタンライニング材の溶接

重ね継手によりチタン板をライニングする場合の例を図5.3に示す。突合せ継手ではライニング材同士のすき間を極力開けず，ライニング材とライニング材のすき間が開いてしまった場合は，チタンのカバープレートを取り付けるなどの工夫が必要である。

また，ライニング部材同士の溶接は，母材を溶融する可能性があるので極力ビスなどで取付・固定してボルトの頭を溶接し，ライニング材と母材のすき間に内容物が入り込まないようにシール溶接を行う必要がある。

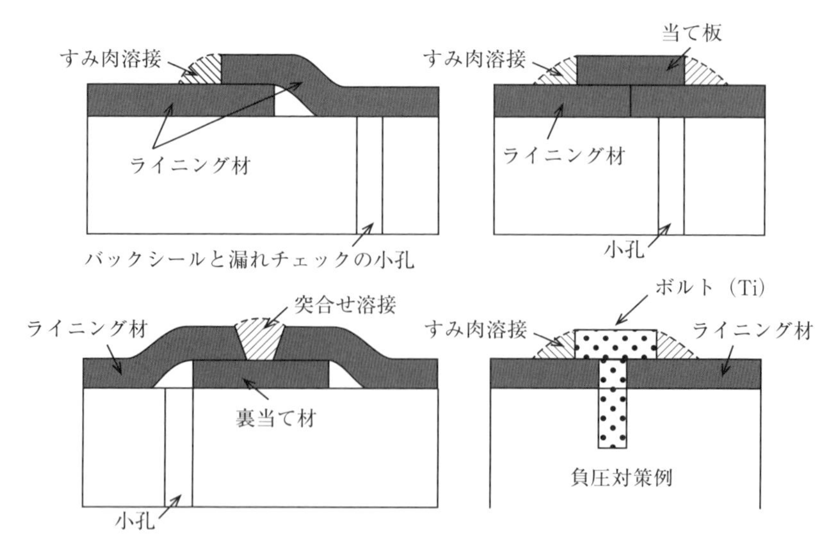

図5.3　重ね継手によるライニング施工例

6
溶接部の試験と検査

6.1 概要

本章ではチタンおよびチタン合金には限らない溶接部の試験と検査に関する一般的なことを述べる。

6.1.1 試験と検査

普段使用している試験および検査という用語を，本章では以下のように区別をする。試験は試験結果を得ることを目的として行うことをいい，検査は試験結果をあらかじめ決められている基準と比較し，試験対象部の合否を判定することをいう。溶接部の検査とは，溶接工程の全般を通じて，欠陥の有無をいろいろな方法で試験し，溶接製品の使用の適否を決定することである。溶接継手では，リベット継手やボルト継手のように，表面から見てその良否を判断することは難しく，溶接部と母材との性質の差や，溶接表面，表面近くおよび内部に存在する欠陥が大きな事故の原因となることがある。そこで，溶接部の検査では，溶接の全般を通じて，これらの欠陥の状態などをいろいろな方法で試験して，溶接製品の使用の適否を決定している。

溶接前には，使用する母材，溶加材（溶加棒および溶接ワイヤ），溶接装置などの検査，また溶接施工法が適切であるかどうかを調べる溶接施工方法確認試験および，実際に溶接作業をする溶接技能者の技量の適否を決める溶接技術検定試験などを行う。溶接施工方法確認試験においては，図6.1に示すような試験材を，実際の溶接時と同じ条件で製作し，そこから同図に示すような試験

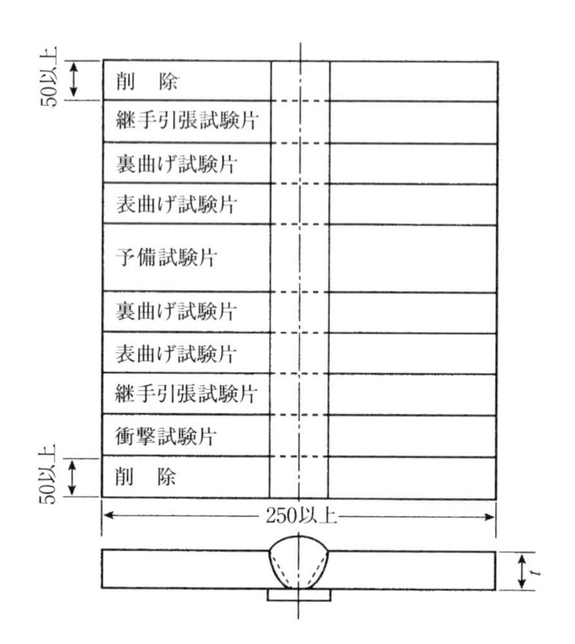

図6.1　溶接施工法確認試験材の例

片を切り出して，引張試験や曲げ試験などの破壊試験を行う。

溶接中には，タック溶接や開先の状態，溶接電流などの溶接条件が適切かどうかを検査する。溶接後は，溶接部の外観や非破壊検査などで溶接欠陥の程度などを調べ，製品の合否を決定する。

さらに，溶接構造物が稼働中にも，応力腐食割れや疲労による割れなどの発生の有無や，その程度を調べるために非破壊試験が行われている。

6.1.2　溶接部の試験

溶接部の試験は，破壊試験と非破壊試験に分けることができる。破壊試験は，試験の目的に応じて主として材料の一部あるいは全体から試験片を切り出し，材料の機械的，物理的，化学的または冶金的な品質を調べる方法をいう。非破壊試験は材料のもつ物理的な性質を利用して製品を破壊しないで，材料の健全

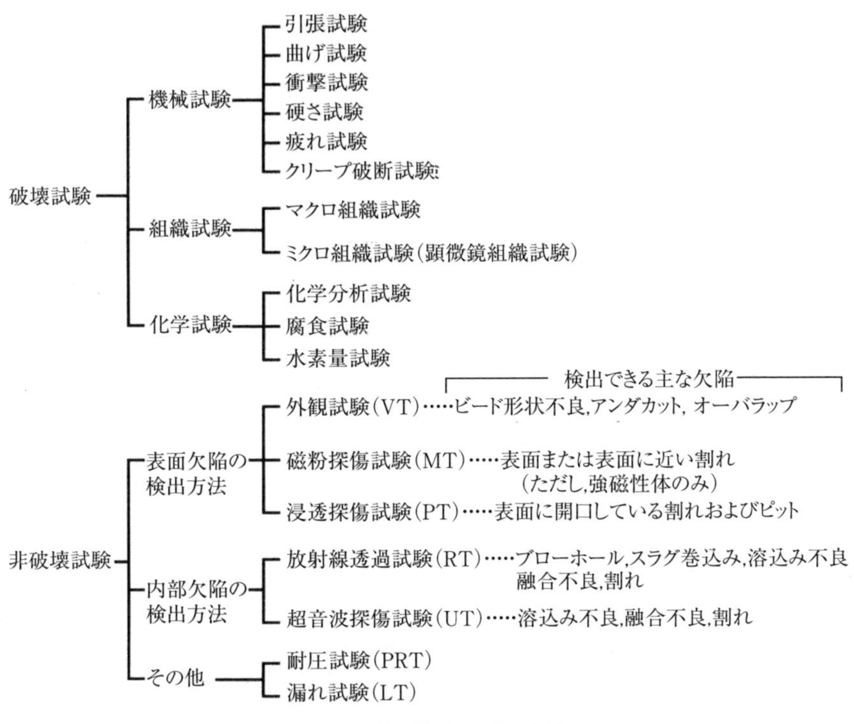

図6.2　溶接継手の試験方法

性を調べる方法である。

図6.2に，溶接継手を例にとり試験方法の種類を示す。

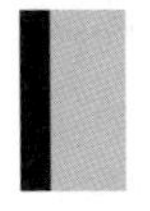

6.1.3　溶接部の検査

溶接部の検査は，溶接の作業工程から，次の①～③に分けることができる。

①事前検査

②中間検査

③事後検査

（1）事前検査

溶接前には，溶接機やジグなどの溶接装置，溶加材の種類，外観，寸法，シールドガスの種類および母材の種類，寸法，開先形状，開先部の汚れなどについて検査を行う。そのほかに溶接条件が実際の施工からみて適しているかどうか，さらに溶接技能者の技量の適否も検査する。

(2) 中間検査

溶接作業中には，開先の状態，ビードの形状，溶込不足，割れの有無などについて，外観試験，浸透探傷試験，放射線透過試験などの非破壊試験によって調べる。また，溶接条件が適切かどうかを検査する。

(3) 事後検査

溶接後は，外観の良否，後熱処理について検査を行う。熱処理温度，加熱，冷却速度および冷却方法などが規定どおりかどうか，また，割れの有無，変形，寸法の狂いなどを検査する。

6.2 溶接部の欠陥

JIS Z 2300「非破壊試験用語」によると，きずは非破壊試験結果から判断される不連続部，欠陥は規格，仕様書などで規定された判定基準を超え，不合格となるきず，と定められている。

個別の規格をみると，JIS Z 2343「浸透探傷試験」，JIS Z 3106「放射線透過試験」では欠陥，JIS G 0565「磁粉探傷試験」，JIS G 0587「超音波探傷試験」ではきずという用語を用いている。

JIS Z 3001「溶接用語」ではピット，融合不良，高温割れなどの不具合な状態を指す用語を溶接部の欠陥として取り扱っているので，本書ではこれに準じて，それらの不具合すべてを指す用語として欠陥を使用する。

溶接検査の対象となる主な欠陥は，寸法上の欠陥，構造上の欠陥，性質上の欠陥に区別できる。欠陥の具体的な説明は，4章4.5に記述したが，欠陥の種類と検出のための試験法をまとめて，**表6.1**に示す。

表6.1　溶接部の欠陥の種類と試験法

溶接部の欠陥	欠　陥　の　種　類	試　　験　　法
寸法上の欠陥	ひずみ 溶着金属部の大きさの不適 溶着金属部の形状の不適	適当なゲージ類を用い外観試験 溶着金属用のゲージを用い外観試験 〃
構造上の欠陥	ブローホール，ピット スラグ巻込み，タングステン巻込み 融合不良 溶込不良 アンダカット オーバラップ 割れ	放射線透過試験，磁粉探傷試験，渦流探傷試験，超音波探傷試験，破断試験，顕微鏡組織試験，マクロ組織試験 〃 〃 〃 外観試験，放射線透過試験，曲げ試験 外観試験 外観試験，放射線透過試験，超音波探傷試験，顕微鏡組織試験，マクロ組織試験，磁粉探傷試験，浸透探傷試験，曲げ試験
性質上の欠陥	引張強さの不足 耐力の不足 延性の不足 硬さの不適当 疲れ強さの不足 吸収エネルギーの不足 化学成分の不適 耐食性の不足	全溶着金属引張試験，突合せ溶接継手引張試験 すみ肉溶接継手せん断試験，母材引張試験 全溶着金属引張試験，突合せ溶接継手引張試験， 母材引張試験 全溶着金属引張試験，母材引張試験，曲げ試験 硬さ試験 疲れ試験 衝撃試験 化学分析試験 腐食試験

6.3 破壊試験

6.3.1　機械試験

チタンおよびチタン合金溶接部を対象とした主な機械試験には，次の（1）～（6）のようなものがある。

（1）引張試験

引張試験は，材料の引張強さ（表示単位MPa，以下同じ），耐力（MPa），伸び（%）を調べるために行われる。図6.3（a）に示すような試験片を，使用する材料から切り出して，一般に万能試験機を用いて，荷重をゆっくりとかけ，破断するまで引っ張る。高温での引張強さ，耐力，伸びを測定する場合もある。

このとき得られた応力（荷重を断面積で割ったもの）を縦軸に，そして，ひずみ（標点距離の変化を初めの標点距離で割ったもの）を横軸にプロットしたものを応力－ひずみ曲線という。

図6.3（b）の応力－ひずみ曲線で，Y点に相当する縦座標を0.2%耐力，M点に相当する縦座標を引張強さという。また，破断後の標点距離と初めの標点距離の差を測定し，初めの標点距離との比を求めたものを伸びという。

溶接継手の引張試験に際しては，図6.4に示すように，溶接継手から切り出した試験片を用いて，引張強さだけを測定し，伸びは測定しない。

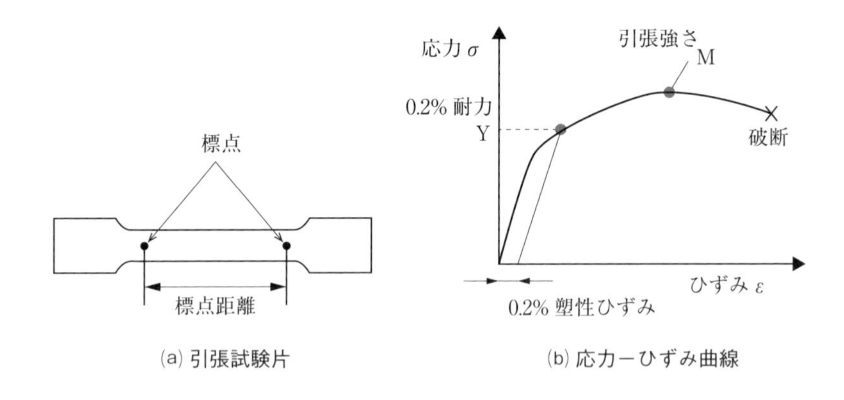

(a) 引張試験片　　(b) 応力－ひずみ曲線

図6.3　引張試験片および炭素鋼，チタンの応力－ひずみ曲線

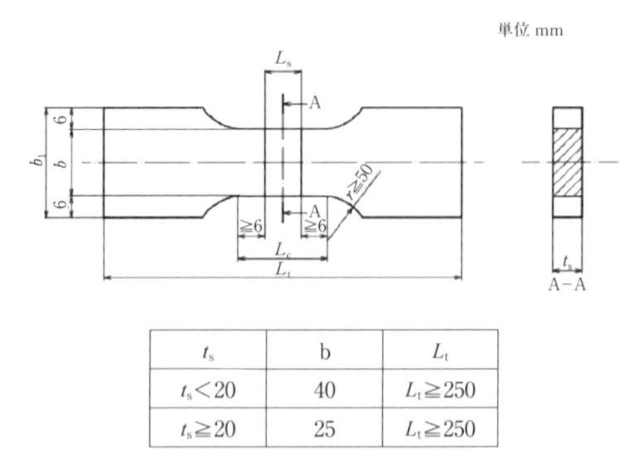

t_s	b	L_t
$t_s<20$	40	$L_t\geqq250$
$t_s\geqq20$	25	$L_t\geqq250$

図6.4　突合せ溶接継手の引張試験（JIS Z 3121）

溶加材の機械的性質は，図6.5に示すように，溶着金属から切り出した試験片を用いて調べる。この場合には，引張強さ，耐力および伸びが測定される。引張試験を行ったあとの試験片の一例を，写真6.1に示す。使用する材料および溶加材の機械的性質は，それぞれのメーカーの行った試験結果を使用することが多い。

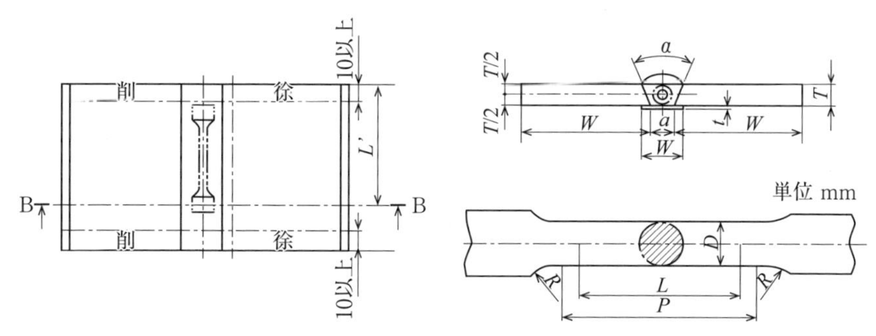

単位mm

寸法	タイプⅠ	タイプⅡ	
	試験片の記号		
	A0号	A1号	A2号
径[5] D	D[6]	12.5±0.5	6.0±0.5
標点距離 L	5D	50	24
平行部の長さ P	6D又は7D	約60	約32
肩部の判型 R	5以上	15以上	6以上
JIS Z 2201での試験片の種類	14A号試験片	10号試験片	—

注[5] 径は、一つの試験片の平行部の全長にわたって均一で，次の許容差を超える寸法変化（最大値－最小値）があってはならない。
A0号 0.03mm　A1号 0.04mm　A2号 0.03mm
[6] タイプⅠの試験板の記号1.0又は1.1の場合はD＝8±0.15mmとし，試験板の記号1.2～1.7の場合はD＝10±0.15mmを推奨する。

なお，タイプⅠとタイプⅡとを混用してはならない。

図6.5　溶着金属の引張試験片（JIS Z 3111）

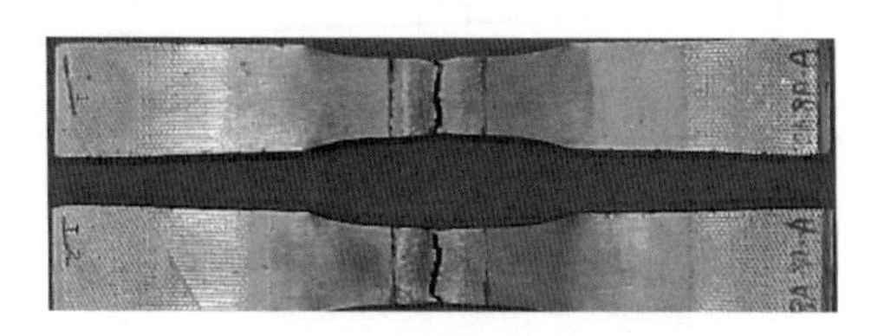

写真6.1　引張試験片（破断後）

(2) 曲げ試験

曲げ試験は，溶接部の機械的な健全性を評価するための試験方法として最もよく行われている。溶接技術検定試験においても，曲げ試験によって合否を判定している。

溶接継手の曲げ試験方法としては，図6.6に示すような型曲げ試験およびローラ曲げ試験などがある。チタン溶接継手の曲げ試験の場合，JIS Z 3122では，雄型の先端半径は板厚の8倍としている。曲げ方法には，図6.7に示すように，表曲げ，裏曲げおよび厚板の試験に用いる側曲げの3種類がある。側曲げの場合には，いずれかの側を下側にして，曲げ試験を行う。曲げ試験に際しては，一般に試験片を180°までU字形に曲げ，曲げ外面に生じた割れなどの欠陥の大きさおよび数によって，判定基準に従って合否を判定している。

溶接部では，溶接熱影響部が硬くなったり，結晶粒が大きくなり，延性が低下しやすいために，延性を調べる。このため，JIS Z 3122「突合せ溶接継手の曲げ試験方法」などが用いられる。この試験によって，溶接部に割れが発生するまでの曲がり角度，あるいは試験片が破断するまでの曲がり角度を測定し，基準値と比較して判定する。

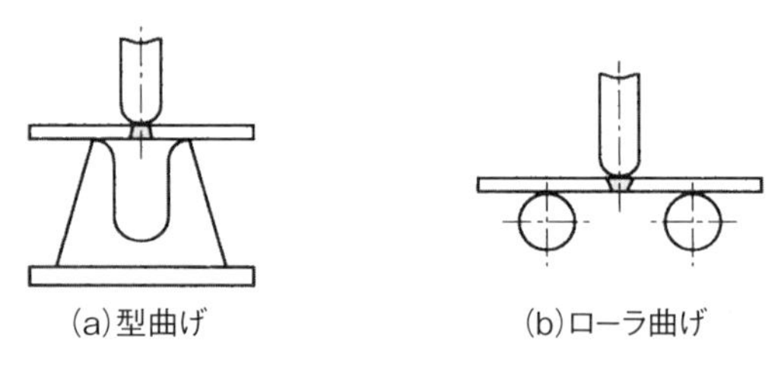

(a)型曲げ　(b)ローラ曲げ

図6.6　曲げ試験方法の種類

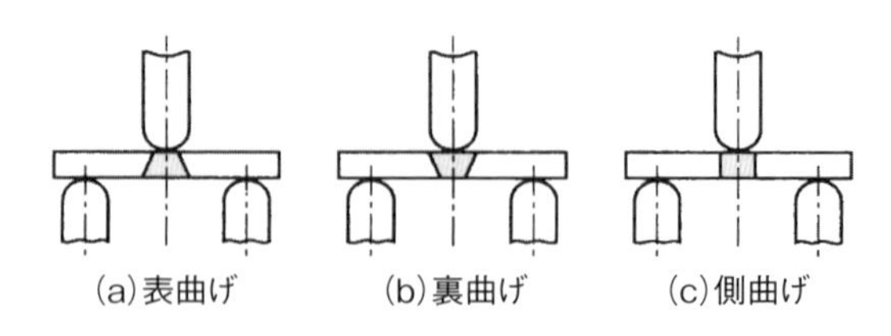

(a)表曲げ　(b)裏曲げ　(c)側曲げ

図6.7　曲げ試験の際の曲げ方

溶接技術検定試験においても曲げ試験結果を含めて合否を判定している。

(3) 衝撃試験

破壊しやすいように切欠きをつけた試験片に一回の衝撃を加えて破断させ，試験片が破断するまでに要した吸収エネルギー（J）の大きさを求める。この試験により溶接部のじん性（ねばさ）を調べる。衝撃試験は，試験温度によって結果が大きく影響されるので，試験温度は必ず記録しておく。衝撃試験にはアイゾット衝撃試験およびシャルピー衝撃試験があるが，溶接部の吸収エネルギーを求めるには，一般に図6.8に示すような試験片によるシャルピー衝撃試験を用いる。

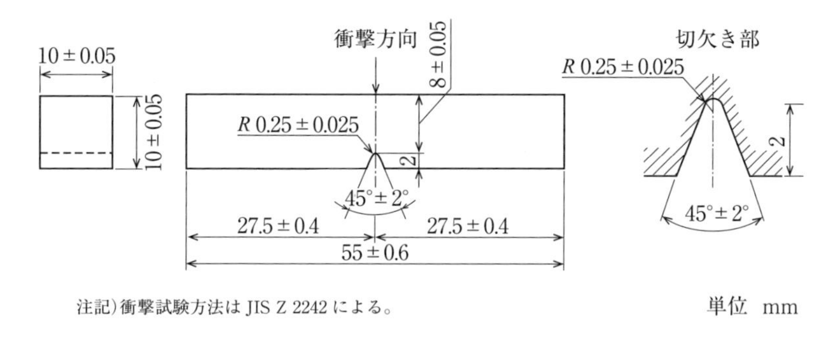

図6.8　Vノッチ衝撃試験片（JIS Z 2242）

(4) 硬さ試験

溶接部の硬さを，ビッカース，ブリネル，ロックウェルあるいはショアなどの硬さ試験機を用いて測定する。

(5) 疲れ試験

繰り返し荷重により生ずる破壊あるいは損傷を疲労という。構造物において使用中に起こる溶接部周辺の破損は，降伏点以下の小さい荷重の繰り返しによって起こっていることがある。材料の疲労強度を調べるために疲労試験を行うが，通常2×10^6回以上の荷重を繰り返し与えて試験する。

(6) クリープ破断試験

高温で長時間一定荷重をかけて試験片の伸びの変化を測定する。あるいは一定時間に対する破断強さ，伸び，絞りなどを測定する。

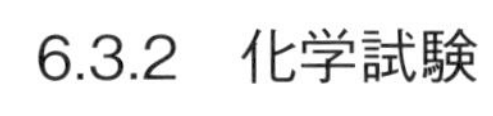

6.3.2　化学試験

(1) 化学分析試験

溶着金属の主要化学組成または不純物の量を知るために行う。

(2) 腐食試験

チタンは，特に耐食性を必要とする場合には腐食試験を行う。

JISで定められているチタンの腐食試験はないが，チタン協会耐食性分科会が検討した「チタンの標準腐食試験方法に関する検討」がある。

6.3.3　組織試験

組織試験は，母材や溶接部の観察面を研磨し，研磨面を腐食させて金属組織を調べる方法である。組織試験には，溶接部の切断面について溶込み形状，結晶粒の粗さや割れ，気孔などの有無を調べるマクロ組織試験，顕微鏡を用いてさらに微細な組織を調べるミクロ組織試験などがある。

その他，表面の鉄分を調べるフェロキシル試験（ISO4526）などがある。

6.4 非破壊試験

6.4.1 表面欠陥検出のための非破壊試験

(1) 外観試験（VT）

製品寸法，溶接金属の余盛や脚長などの形状および寸法，溶接変形，オーバラップ，アンダカットあるいは裏面の溶込みなどビード面の状態を，目視または簡単な器具を用いて調べる。外観に関しては，数量的な合否基準を決めたものは比較的少ないが，溶接部の検査に際しては非常に重要な試験項目である（4章4.5節および図4.29参照）。

これらに加え，チタンおよびチタン合金の溶接では，外観検査において，溶接部表面の発色が非常に重要である。チタンおよびチタン合金は，前述されているように溶接時の大気からのシールドが重要であり，シールドが不完全であると溶接中に大気を巻き込み，大気の巻込み量から溶接部の色が徐々に銀色から金色または麦色，紫，青，青白，暗灰色，白および黄白色と変化する。JIS Z 3805「チタン溶接技術検定における試験方法及び判定基準」においては，青までと青白が10mm以下の着色が合格とされる。

(2) 浸透探傷試験（PT）

浸透探傷試験は，図6.9（a）に示すように，試験体の表面にある小さな割れや表面に開口しているピットなどの欠陥部にしみこみやすい液体（浸透液）を，同図（b）に示すように浸透（浸透処理）させたのち，試験体表面の浸透液を除去後（除去処理，同図（c）参照），現像剤を適用（現像処理）し，欠陥部にしみこんでいる浸透液を表面に吸い出して，欠陥部を拡大（指示模様：拡大された模様，同図（d）参照）し，欠陥を検出する方法である。

この方法には，浸透液に赤色などの色をつけたものを使用する染色浸透探傷試験と，蛍光剤を混入させた浸透液を用いて紫外線を照射し，可視光線を発生

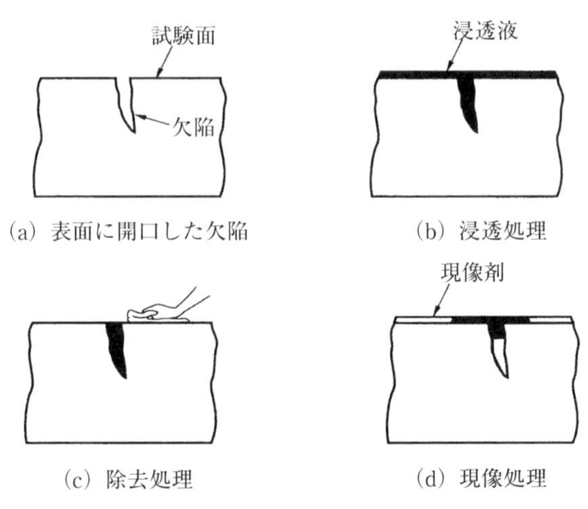

図6.9　浸透探傷試験の手順

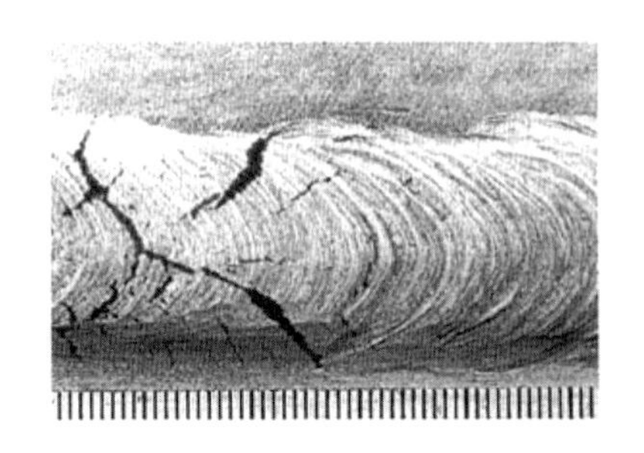

写真6.2　溶接部の浸透探傷試験結果

させて観察する蛍光浸透探傷試験がある。溶接部の染色浸透探傷試験結果の一例を写真6.2に示す。一般には，染色浸透探傷試験が用いられている。

浸透探傷試験は，原理および試験装置が簡単であり，欠陥の形状もほとんど検出性能に影響しない。しかし，表面に開口した欠陥しか検出できない。また，試験のやり方および指示模様の判定に熟練を要する。

(3) 磁粉探傷試験（MT）

強磁性体である鉄鋼を磁化すると，内部に欠陥がない場合には，磁束はそのまま通過してしまうが，欠陥がある場合には，磁束はその部分が通過しにくくなる。図6.10のように，表面あるいは表面近くの内部に不連続的な欠陥や不均質部があると磁束が漏れる。この漏れた磁束の程度を測ることによって，その部分の欠陥の有無や位置がわかる。それには図6.11のように，磁性粉末を利用する方法を用いる。しかしチタンおよびチタン合金は，非磁性のためこの方法は適用できない。

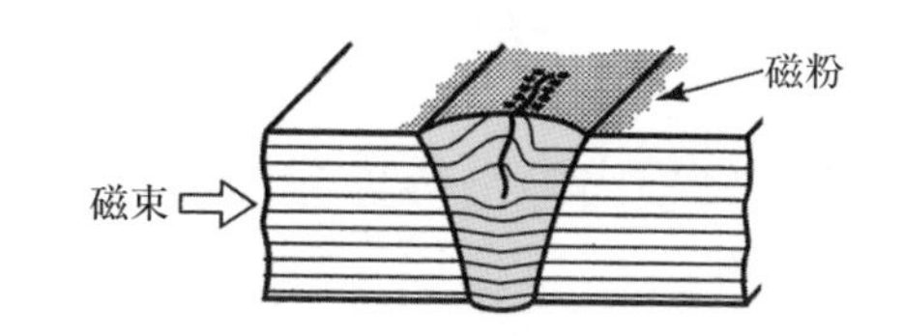

図6.10　磁粉探傷試験の原理

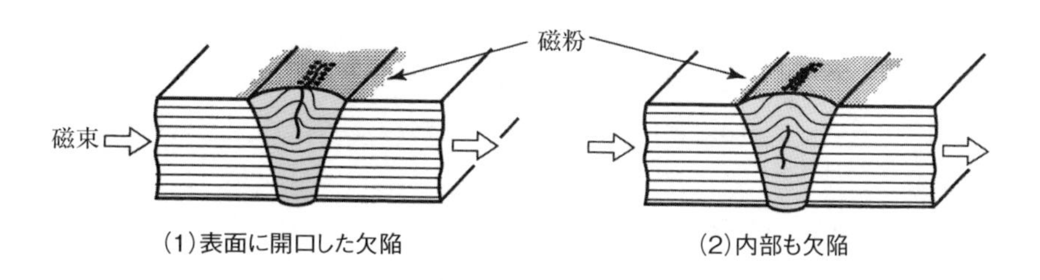

図6.11　磁粉探傷試験による割れの検出

(4) 渦流探傷試験 (ET)

交流電流を流したコイルを，図6.12に示すように非磁性の試験片に近づけると，その交流磁場によって金属内部に輪状の渦流が誘起される。この渦流は元の磁場と反対方向に新しい交流磁場を発生する。それに感応してコイル内に新しい交流電圧を誘起する。もし試験片の表面あるいは表面近くの内部に不連続的な欠陥や不均質部があると渦流の大きさや方向が変化し，コイルに生ずる誘起電圧が変化するため，それを検知すれば欠陥や異質の存在がわかる。この方法は，磁粉探傷試験を適用できないチタンの管に効果的である。

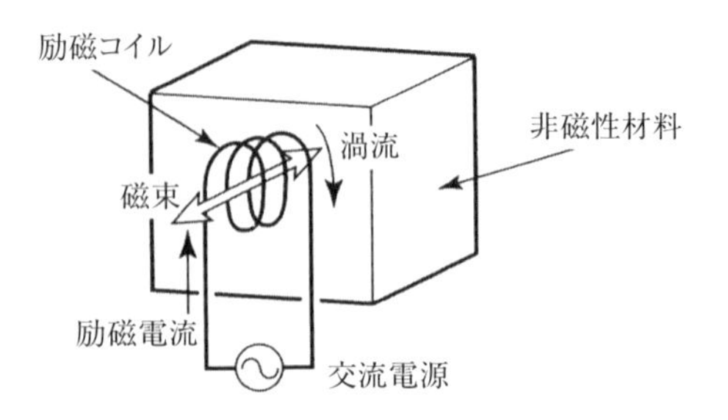

図6.12　渦流探傷試験の原理

6.4.2　内部欠陥検出のための非破壊試験

(1) 放射線透過試験 (RT)

放射線透過試験は，X線やガンマ線が物質を透過する性質を利用して，溶接部の内部欠陥を調べる方法であり，現在の非破壊試験のうちで最も信頼性に富み，かつ広く利用できるもので，板厚の1～2％までの大きさの欠陥を検出できる。特に，ブローホール，割れ，溶込不良や融合不良などの欠陥の検出に適している。

図6.13に放射線（X線）透過試験の原理を示す。図中のX線管から発生したX線が，試験体を透過する際に一部が吸収される。このX線が吸収される程度は，試験体の密度が大きく，厚さが厚いほど大きい。もし，試験体にブローホールなどの空洞や，割れ，溶込不良や融合不良などの欠陥が存在していると，その部分のX線の吸収が少ないため，試験体の裏面に置いてあるフィルムには，健全部よりも強いX線が照射される。このため，フィルムを現像処理すると，欠陥部（図6.13のAB部に対応する）は周りよりも黒くなり，欠陥を検出することができる。

この試験方法は，欠陥がフィルム上に投影されるため，欠陥の種類の判別をすることが比較的やさしい。溶接欠陥の透過写真の例を写真6.3に示す。ただし，この方法においては，試験体の裏面にフィルムを配置しなければならないため，継手の種類によっては適用が困難な場合がある。また，撮影やフィルムの判定に知識を必要とする。JIS Z 3107「チタン溶接部の放射線透過試験方法」

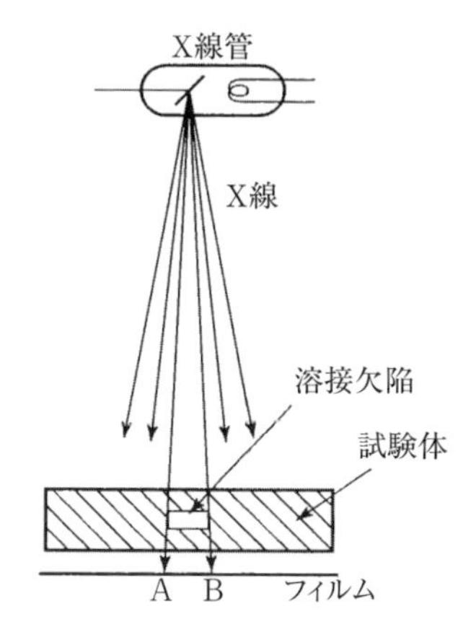

図6.13　放射線透過試験の原理

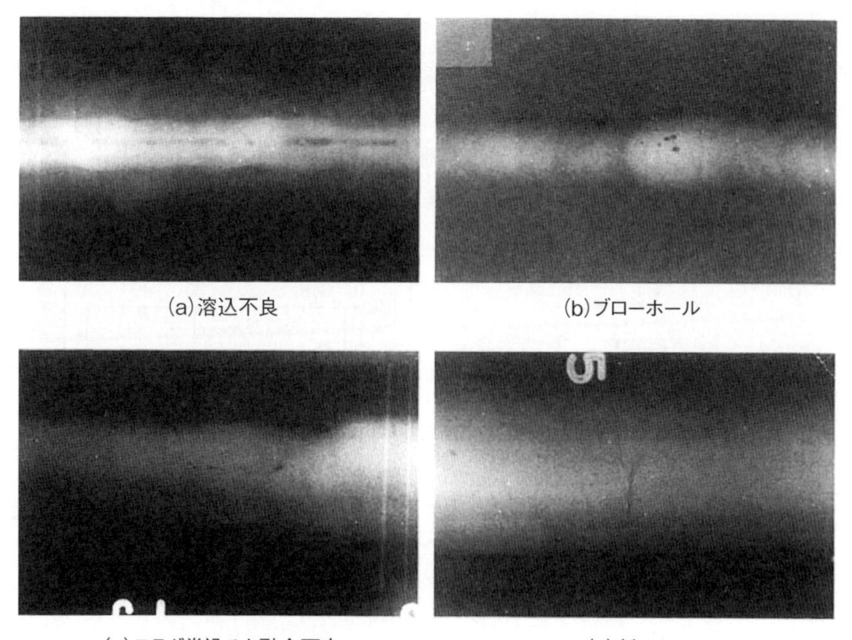

(a)溶込不良　(b)ブローホール

(c)スラグ巻込みと融合不良　(d)割　れ

写真6.3　溶接欠陥のX線透過試験

に撮影方法およびきずの分類方法が規定されている。

放射線透過試験に際しては，人体が多量被ばくすると放射線障害を起こすため，その遮蔽などに十分注意しなければならない。

(2) 超音波探傷試験（UT）

人間の耳に聞こえる音波の周波数は20～20,000Hz程度であり，これより高い周波数の音波を超音波という。超音波は材料中をほぼ直線的に進む性質がある。

超音波探傷試験では，図6.14に示すように，超音波を試験体の内部に向けて入射する。そのとき，進行方向の試験体内部に欠陥があると，超音波はその欠陥で反射される。この反射波の強さと欠陥までの距離をブラウン管上で測定することによって，欠陥の位置および大きさを測定することができる。

超音波の周波数は，2MHz（メガヘルツ）～5MHzのものが多く使用されている。超音波探傷試験の方法には，図6.14に示す垂直探傷法（超音波を試験体表面に垂直に入射する方法）と，図6.15の斜角探傷法（超音波を試験体表面に対して斜めに入射する方法）の２種類があるが，溶接部の試験には斜角探傷法が多く用いられている。これは，溶接部には，一般に余盛がついているために，垂直探傷法では溶接部の探傷が困難なためである。

超音波探傷試験は，装置が軽量であり，試験が容易にできる利点がある。さ

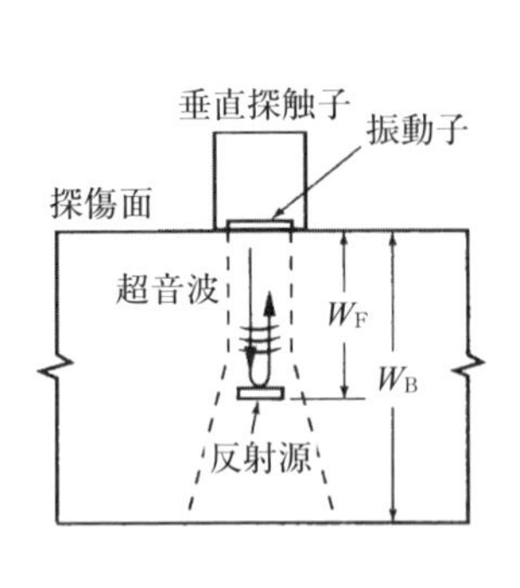

(a)平面状欠陥の場合

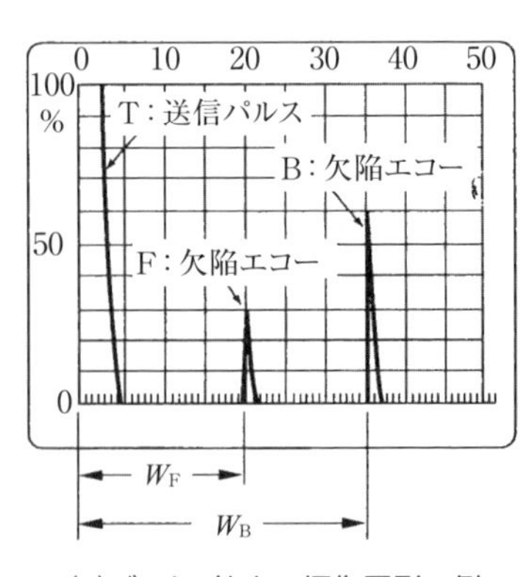

(b)ブラウン管上の探傷図形の例

図6.14　超音波探傷試験（垂直探傷法）の概要

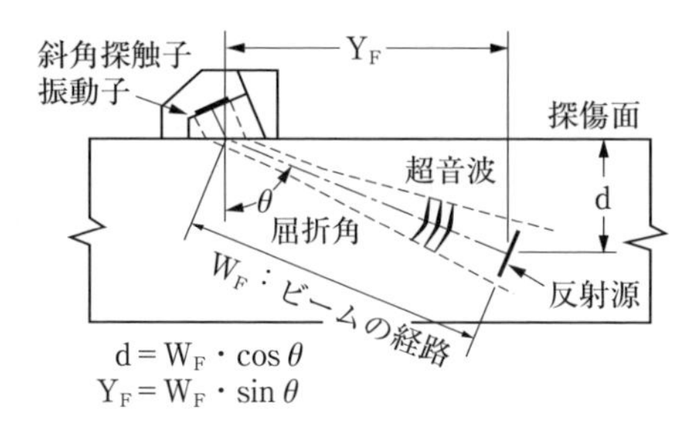

(a) 超音波の伝搬

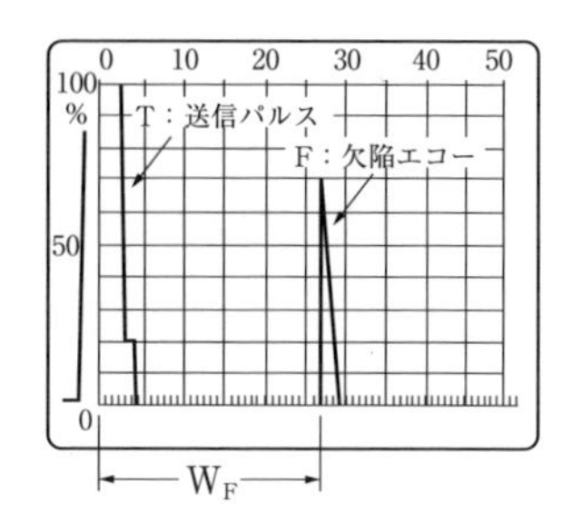

(b) ブラウン管上の探傷図形の例

図6.15　超音波探傷試験（斜角探傷法）の概要

らに，放射線透過試験と比べると，より厚い材料にも適用が可能である。また，試験対象部の片側から探傷できるため，放射線透過試験において試験対象部の裏面側にフィルムを配置しにくいような場合でも，超音波探傷試験は適用できる利点もある。しかし，試験条件の設定やブラウン管図形の判定に熟練を要する。欠陥の種類を判別するのは一般的に難しく，超音波の進行方向に対して傾きをもっていたり，平行な欠陥の検出は困難である。

この方法は，超音波の進行方向に垂直な欠陥の検出が容易である。したがって，主に割れや融合不良などの内部欠陥の検出に用いられている。また，チタンおよびチタン合金は，他の金属（例えば，炭素鋼など）に比べて欠陥を検出しにくい。

6.4.3　その他

（1）耐圧試験（PRT）

圧力を受ける容器や配管などでは，設計上の強度に耐えるかどうかの確認を目的として製品の最高使用圧力（設計圧力）以上の圧力をかけて，その耐圧性能を確認しており，これを耐圧試験という。この試験は，試験中の万一の破壊事故の危険性を考えて，水を用いる水圧試験として行うことが多い。

(2) 漏れ試験（LT）

漏れ試験は，タンク，容器，管などの溶接部の気密，水密などを調べる目的で行う。通常は静水圧，空気圧を容器内に加え，漏洩検出剤（一般には石鹸水など）が外部に漏れるか否かを調べる。最近では，加圧不要の漏洩検出剤もある。

7

アーク溶接の障害とその防止対策

7.1 アーク溶接の障害とその防止対策

溶接作業は高熱，大電流を手もとで取り扱う作業であり，いろいろな事故や災害が起こりやすい。作業者は，単に自己の災害ばかりでなく，周辺にも災害を及ぼさないように作業しなければならない。

災害防止には，まず作業者自身が受けやすい災害の知識をもち，十分に注意して作業することが重要である。次に，関連する機器，器具類の整備および適切な使用も重要である。

管理者は，作業者の教育，工場設備，溶接機器，作業工具および保護具の整備，さらに作業安全を考慮した工程について検討し，作業者と管理者が一体となって努力することで目的は達成される。

わが国では，作業者の安全の確保は「労働安全衛生法」や「労働安全衛生規則」などで定められている。これらには，事業者の義務と作業者が守らなければならない事項が定められているので，十分知っておくことが必要である。

アーク溶接作業では，作業者に障害をもたらす種々の危険因子が発生する。アーク溶接にともなう危険因子が人体に及ぼす影響およびその防止対策を，表7.1に示す。7.2節以下の防止対策に関しては，主として表7.1の中の環境，装置および個人用保護具について記述する。

表7.1　アーク溶接にともなう危険因子が人体に

危険因子		人体に及ぼす影響		
		部位	主な障害	環境, 装置
ヒューム	酸化チタンの微粒子	呼吸器ほか	じん肺症 金属熱	・全体換気装置の設置 ・局所排気装置の設置
ガス	Arガス	呼吸器ほか	酸欠	・全体換気装置の設置 ・局所排気装置の設置
アーク光	可視光線[2]	眼	網膜傷害	・溶接作業場の分離 ・しゃ光カーテンの設置 ・つい立の設置
	紫外線[2]		表層性角膜炎 結膜炎, 白内障	
	赤外線[2]		白内障	
	紫外線, 赤外線	皮膚	光線皮膚炎	
スパッタ	……	皮膚	熱傷	……
		眼	外傷 異物混入	……
アーク熱	……	全身	熱中症	・送風の実施, 空調装置の設置
騒音[3]	……	耳	騒音性難聴	……
火災・爆発	スパッタ, 溶接場所の可燃物, 引火性ガス・液体, アースケーブル	熱　傷 ガス中毒 煙　死		・可燃性・爆発性材料対策 ・引火性ガス・液体対策 ・通電による発熱対策 ・消火設備の設置 ・整理整頓, 始業・終業点検
電撃	……	皮膚	熱傷	・損傷のない適正なケーブルの使用 ・絶縁型ホルダの使用 ・電撃防止装置付き溶接機の使用
		その他の臓器・器官	心・循環器障害 中枢神経障害	
高周波	……	(電子機器の傷害)		・高周波エネルギーの低減および遮へい
		(心臓のペースメーカやその他の生命維持電子装置の異常作動)		

注 1) このほかに, 溶接材料, 高圧ガス容器などの取り扱い時に発生する傷害がある。
2) 学術用語としては可視放射, 紫外放射および赤外放射が用いられているが, 本書では
3) アーク溶接機よりも, 周辺作業のハンマーやガス切断, プラズマ切断, エアガウジン

及ぼす影響およびその防止対策

<table>
<tr><th colspan="2">防止対策[1]</th></tr>
<tr><th>個人用保護具</th><th>特記事項</th></tr>
<tr><td>・防じんマスク(国家検定合格品)の着用
・電動ファン付き呼吸用保護具の着用
・送気マスクの着用</td><td>・ヒュームの直接吸入を防止すること
・周辺作業者のヒュームばく露を防止すること
・狭い場所では換気または送気マスクの着用を徹底すること</td></tr>
<tr><td>・防じんマスク(国家検定合格品)の着用
・電動ファン付き呼吸用保護具の着用
・送気マスクの着用</td><td>・周辺作業者のガスばく露を防止すること
・狭い場所でガスシールドアーク溶接を行う場合は,酸素欠乏に注意すること
・有機溶剤使用の作業場近くでは溶接を行わないこと</td></tr>
<tr><td>・溶接用保護面の着用
・しゃ光めがねの着用</td><td rowspan="2">・周辺作業者のアーク光ばく露を防止すること
・コンタクトレンズを着用して溶接を行わないこと</td></tr>
<tr><td>・溶接用かわ製保護手袋,足・腕カバー,頭巾などの着用</td></tr>
<tr><td>・保護衣類,安全帽,安全靴,溶接用かわ製保護手袋,前掛け,足・腕カバーの着用</td><td>・シガレットライタなどの引火性物質や可燃性物質を携帯して溶接を行わないこと</td></tr>
<tr><td>・溶接用保護面,しゃ光めがねの着用
・保護めがねの着用</td><td>……</td></tr>
<tr><td>・冷房服の着用</td><td>……</td></tr>
<tr><td>・耳栓,耳覆い(イヤマフ)の着用</td><td>……</td></tr>
<tr><td>……</td><td>・有機溶剤を使用している作業場の近くでは,溶接を行わないこと
・可燃物の入った容器は溶接を行わないこと
・溶接作業場の近くに,消火器,水入りバケツなどを用意すること</td></tr>
<tr><td>・ゴム底の安全靴の着用
・乾いた絶縁手袋の着用
・破れがなく,乾いた作業衣の着用</td><td>・狭い場所では感電に注意すること
・ティグ溶接用タングステン電極棒交換時の感電に注意すること
・感電による墜落に注意すること</td></tr>
<tr><td>……</td><td>・溶接機近くへの各種ケーブルおよび電子機器設置時は注意すること</td></tr>
<tr><td>……</td><td>・装置メーカおよび医師の許可があるまで,動作中の溶接機や溶接作業場周囲へ接近しないこと</td></tr>
</table>

一般に用いられている可視光線，紫外線および赤外線で記述する。
グの方が大きな騒音が発生する。

7.2 ヒューム・ガスによる障害とその防止対策

7.2.1 ヒューム・ガスによる障害

ヒュームは，アーク熱によって溶接材料，母材などに含まれる物質の高温蒸気が大気中に放出された後，蒸気全体が急速に冷却されて生成した固体の粒子である。ヒュームは，発生直後は0.1μm程度のきわめて小さい粒子であるが，その後一次粒子が凝集して，1μm前後の二次粒子を形成する。

このようなヒュームを人が吸入すると，5μmを超える大きなものは，鼻毛や気管のせん毛で取り除かれ，また，0.5μm以下の微粒子は，肺に入ってもそこに止まらずに再び体外に吐き出されてしまう。しかし，0.5～5μmの粒径の大部分のヒュームは，肺に入ってその末端の細胞に沈着し，人体に影響を及ぼす。

ヒュームを多量に吸入した際に生ずる障害は，吸入後比較的短時間に生ずる急性症状と，長期にわたって蓄積された結果生ずる慢性症状に大別できる。代表的な急性症状には，金属熱があり，作業中からその日の夜までの間に，全身のだるさ，関節の痛み，悪寒，呼吸や脈拍の増加，はきけ，頭痛，せき，黒色たん，発汗などの症状が出る。長期間吸入した結果生ずる慢性症状には，じん肺がある。じん肺所見は，じん肺検診における胸部X線写真に陰影として見ることができるが，多くは自覚症状がなく，肺機能検査によって障害の程度が確認されることが多い。

チタン溶接時に発生するガスは酸化チタンの微粒子である。発生するガス量は，溶接方法によって著しく異なるため，必ず換気を行わなければならない。狭い場所や換気の悪い場所で溶接する場合には短時間で酸素濃度が許容濃度を下回る場合があり，中枢神経障害，心臓および循環器障害などを生ずることがある。

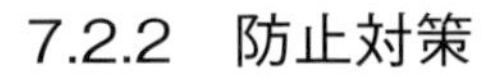

7.2.2　防止対策

屋内などで行うアーク溶接作業は，「粉じん障害防止規則」で「粉じん作業」と定義されており，作業の際には「全体換気による換気の実施」および「溶接作業者に対する呼吸用保護具の着用」が義務づけられている。ただし，局所排気装置，プッシュプル型換気装置，ヒューム吸引トーチなどの措置であって，アーク溶接作業に係る粉じんの発散を防止するために有効なものを講じたときは，呼吸用保護具の使用義務が免除されている。ヒュームおよびガスによる障害の防止対策には，次の（１）～（４）のようなものがある。

(1) ヒューム・ガスの直接吸入防止

溶接作業者は，目に見えるヒュームを直接吸入しないように，風向きを考えて作業するとともに，溶接用保護面でヒュームの流れを避けるようにしなければならない。ヒュームが流れるところは，ガスの濃度もきわめて高いが，ヒュームの流れから少しでもはずれると，ガス濃度は非常に低くなる。したがって，高濃度のガスを吸入しないためには，目に見えるヒュームを避けることが大切であり，管理者は自動化や作業工程の工夫によって，作業者がヒュームおよびガスを吸入しないように努める必要がある。

(2) 全体換気装置の設置

ヒュームは，発生後は上昇気流に乗って上昇するが，床上数mの高さで停留し，天井に設置された換気扇の吸引能力範囲まで達しない場合がある。このため，全体換気装置によって作業場のヒュームを取り除くことは，かなり工夫が必要である。停留するヒュームに対して，全体換気装置による吸引を有効に実施するためには，次の①～③のような方法がある。

①屋根に取り付けた排気ファンや，壁に取り付けた換気扇などを用いて，作業場内に発生したヒュームを屋外に排出する。

②水平方向の気流に乗せて，ヒュームを建物側面のフードに吸引させて排気する。

③一方の送風機によってヒュームを送り，他方の大型フードで吸引する。

(3) 局所排気装置の設置

ヒュームを除去するために最も有効な対策は，アーク発生点近傍に局所排気装置を設置する方法である。局所排気装置には，定置式（溶接作業場近傍に固定された吸引ダクトを通じてヒュームを捕集し，固定された除じん装置でヒュームを取り除く方式）および移動式（溶接作業場近傍に移動できるフードからヒュームを吸引し，除じん装置も吸引装置とともに移動する方式）がある。ただし，局所排気装置を「粉じん障害防止規則」で規定されている要件（例えば，外付式フードで側方吸引型の場合，制御風速が1.0m/s以上）で使用すると，溶接金属に，ピット，ブローホールなどの欠陥が発生することが多い。同等の手法として，プッシュプル型換気装置，ヒューム吸引トーチの利用も推奨されており，プッシュプル型換気装置は設備が大がかりになるが，局所排気装置より風速を抑えることが可能なため，ブローホール等の欠陥が発生しにくい。

(4) 呼吸用保護具の着用

溶接作業で使用する呼吸用保護具としては，防じんマスクが最も一般的である。防じんマスクは，ヒュームのような粉じんをろ過材でろ過し，作業者が粉じんを吸入しないようにするものであるが，酸素濃度が18%未満または不明の場所や，有毒ガスの存在する場所では使用できない。防じんマスクを着用する場合の注意事項は，次の①～②のとおりである。

①着用の都度，排気弁の密着性，ろ過材の状態，顔面への密着性が良好であるかを確認する。

②タオルなどを当てた上から防じんマスクは着用しない。また，面体の接顔部に接顔メリヤスを使用しない。ただし，防じんマスクの着用により皮膚に湿しんなどを起こすおそれがある場合には，面体と顔面との密着性が良好であることを確認しながら使用することはやむを得ない。

また，電動ファン付き呼吸用保護具についても防じんマスクと比べて，一般的に防護係数が高く労働者の健康障害防止の観点からより有用であることから，性能を確認した上で，着用の推進が勧められている。

7.3 アーク光による障害とその防止対策

7.3.1　アーク光による障害

アーク溶接は，強烈な可視光線のほかに，眼や皮膚に有害な紫外線および赤外線を多量に放射する。

アーク溶接で発生する紫外線は，眼にきわめて吸収されやすく，特に280～300nmの波長領域は眼の感受性が高い。眼に一定量以上の紫外線が照射されると，角膜表層に炎症をひき起こし，異物または砂が眼に入ったような激しい痛み，結膜の充血，眼けいれんなどをともなった表層性角膜炎（いわゆる電気性眼炎）の症状が現れる。

可視光線については，過度の照射を受けると，激しい眼の疲労をきたす。特に，波長が400～560nmの青色光は，網膜障害をひき起こす危険性があり，問題視されている。

また，赤外線については，ごく短時間の照射では眼瞼の紅潮だけであるが，至近距離からの照射あるいは長期にわたる照射を受けると，水晶体や網膜が冒され，白内障や視力低下をひき起こす場合がある。

7.3.2　防止対策

（1）しゃ光保護具の着用

しゃ光保護具には，溶接用保護面としゃ光めがねがある。溶接用保護面は，JIS T 8242に規格が定められており，ヘルメット形とハンドシールド形の２種類がある。なお，JISには規定されていないが，液晶式溶接用保護面もある。しゃ光めがねは，JIS T 8241に規格が定められており，スペクタクル形，フロント形およびゴグル形の３種類がある。

表7.2　フィルタレンズおよびフィルタプレートの使用基準

しゃ光度番号	アーク溶接	
	被覆アーク溶接	マグ溶接，ミグ溶接，ティグ溶接，セルフシールドアーク溶接，エレクトロガスアーク溶接
1.2	散乱光または側射光を受ける作業	
1.4		
1.7		
2		
2.5		
3		
4	−	−
5	溶接電流が30A以下	
6		
7	溶接電流が35Aを超え75Aまで	
8		
9	溶接電流が75Aを超え200Aまで	溶接電流が100A以下
10		
11		溶接電流が100Aを超え300Aまで
12	溶接電流が200Aを超え400Aまで	
13		溶接電流が300Aを超え500Aまで
14	溶接電流が400Aを超えた場合	
15	−	溶接電流が500Aを超えた場合
16		

備考1.　しゃ光度番号の大きいフィルタ（おおむね10以上）を使用する作業においては，必要なしゃ光度番号より小さい番号のものを２枚組み合わせて，それに相当させて使用することが望ましい。使用するフィルタを２枚にする場合の換算は，次式による。

$N=(n_1+n_2)-1$　ここに　N：１枚の場合のしゃ光度番号

n_1, n_2：２枚の各々のしゃ光度番号

例：10のしゃ光度番号のものを２枚にする場合

$10=(8+3)-1$，$10=(7+4)-1$ など

備考2.　しゃ光めがねと溶接用保護面を同時に使用する作業においては，備考１．に規定された換算式を参考にして，双方のフィルタレンズ・フィルタプレートのしゃ光度番号を選択することが望ましい。その際の換算は，次式による。

$N=(n_1+n_2)-1$　ここに　N：１枚の場合のしゃ光度番号

n_1：しゃ光めがねのしゃ光度番号

n_2：溶接用保護面のしゃ光度番号

溶接用保護面に使用するフィルタプレートおよびしゃ光めがねに使用するフィルタレンズは，アーク溶接方法の種類および使用電流によってしゃ光度番号を選択しなければならない。表7.2に，JIS T 8241を基にしたフィルタプレートおよびフィルタレンズの使用基準を示す。なお，溶接用保護面に使用するフィルタプレートは，スパッタの付着を防止するために，透明なカバープレートと重ねて使用する。

(2) 皮膚の露出防止

皮膚が露出しないように，保護衣類，溶接用革製保護手袋，前掛け，足カバー，腕カバーなどの保護具を着用する。その際，顔面，首筋などは特に露出しないように注意する。

(3) しゃ光カーテン・つい立などの設置

溶接作業場の周辺で働いている作業者は，溶接時に発生する有害光線にさらされる危険性がつきまとっている。周辺作業者を有害光線から保護するために，しゃ光カーテンやつい立によって，溶接作業場を区画することが望ましい。しゃ光カーテンは，イエロー系とダークグリーン系の２種類が市販されているので，職場環境，目的などを考慮して選択，使用する。

7.4 スパッタ・アーク熱・騒音による障害とその防止対策

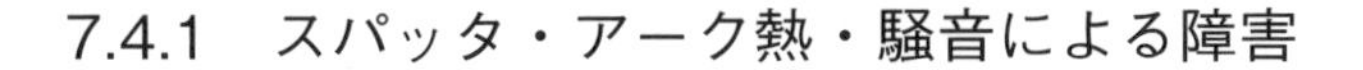

7.4.1 スパッタ・アーク熱・騒音による障害

スパッタ，溶接によって生じた高熱および熱い材料との接触によって，熱傷を負うことがある。また，アーク熱による高温に長時間さらされると，熱射病になることがある。さらに，エンジン駆動式溶接機，パルスアーク溶接などでは，高レベルの騒音を発生するものがあるため，騒音性難聴になることがある。

7.4.2　防止対策

(1) 保護具の着用

皮膚の熱傷を防止するために，溶接中は頭部，顔面，のど部，手，足などを露出させてはならない。そのためには，保護衣類，安全帽，安全靴，溶接用革製保護手袋，前掛け，足カバー，腕カバーなどの保護具を着用する。

スパッタから眼を保護するために，溶接用保護面，しゃ光めがねや保護めがねを着用する。

(2) 送風・空調設置・冷房服の着用

溶接作業場は，風通しを良くする。また，作業場を冷房したり，冷房服を着用することも有効である。

(3) 耳栓や耳覆い（イヤマフ）の着用

騒音は発生源で制御することが望ましい。騒音を許容基準以下にすることができない場合には，耳栓や耳覆い（イヤマフ）のような個人用保護具を着用し

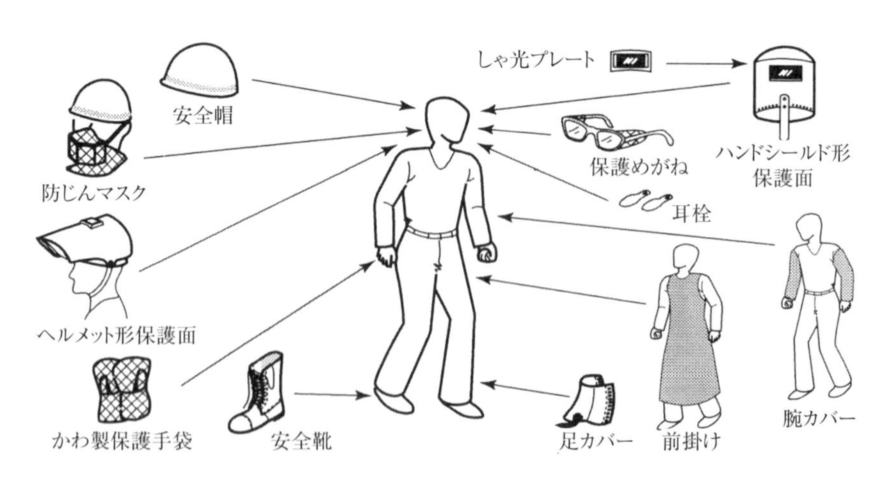

図7.1　個人用保護具装着の一例

なければならない。

なお，7.2.2項，7.3.2項，7.4.2項で記述した個人用保護具装着の一例を，図7.1に示す。

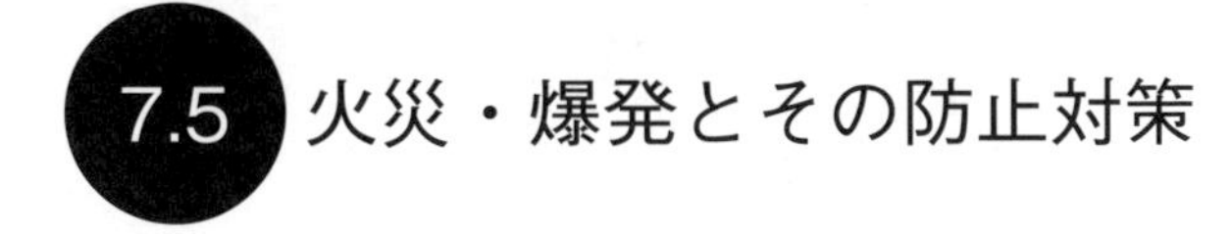

7.5 火災・爆発とその防止対策

7.5.1 火災・爆発の概要

溶接時に発生する火花，スパッタが，溶接作業場にある可燃物（油，木くず，布など）に着火して，火災になることがある。また，周囲に可燃性粉じんあるいは可燃性ガスがある場合には，爆発をひき起こすことがある。さらに，アーク溶接機は，通常数10～数100Aの大きな電流を使用するので，それを通電するケーブルやその接続各部の発熱などがきっかけとなって，火災をひき起こす危険性がある。

7.5.2 防止対策

（1）金属チタンの取り扱い

チタンは活性な金属*1)であり，削粉，粉末は大気中では着火しやすく，また消火が容易ではないため，溶接作業時周辺にこれらを置かないよう清掃しておく必要がある。また，急激な酸素の供給でチタン自体が発火する可能性があるため，酸素の供給源を周辺に置かないようにしなければならない。

また，発火した場合には水による消火は水が分解され水素爆発の可能性あるため厳禁である。酸素を遮断するため，写真7.1に示すような川砂*2)による消

---

*1) 活性な金属のため大気中では表面に酸化による不動態皮膜を形成し腐食し難くなる。花火の白色にも用いられる。

*2) 海砂はMgClを含み吸湿するため。

写真7.1　消火砂写真

火，または金属火災用消火器による消火を行う。

(2) 可燃物等の除去

溶接位置周辺の可燃物は，溶接を始める前に，スパッタなどの飛散距離を考慮して安全な場所へ移動させる。なお，可燃物の移動が不可能な場合には，不燃性シートで覆ったり，遮へいするなど適切な安全対策をとる。特に，高所で作業する場合には，不燃性シートを用いて，下階にスパッタが落下しないようにする。溶接位置周辺の可燃性粉じんあるいは可燃性ガスは，溶接を始める前に通風，換気，除じんなどを行い，除去する。

(3) 引火性液体・ガスの除去

タンク，ドラム缶，配管などの溶接作業の際，その内部に引火性液体や引火性ガスが入っているおそれのある場合には，あらかじめそれらを除去した後でなければ，溶接作業を行ってはならない。さらに，熱，スパークなどによる引火を防止するために，配電盤や溶接機の近くには，引火性液体および引火性ガスを置いてはならない。

(4) 通電による発熱の防止

電気回路における接続部は，接続不良による過大な発熱を防止するために，完全に締め付ける。電線や絶縁保護部分などの通電経路は，定期的に点検し，損傷や導線が露出している部分がある場合は，絶縁テープなどで確実に補修し

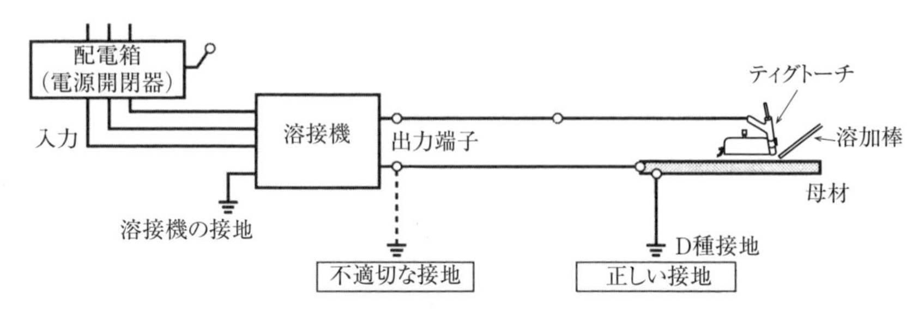

図7.2　母材の接地

て，漏電にともなう発熱やスパークの発生を防止する。

溶接機の過負荷発熱を防止するために，定格使用率および入力電源の定格周波数を守って使用するとともに，母材の電位上昇を防ぐために，母材またはそれを保持する装置（ジグ，定盤など）には，図7.2に示すようなD種接地工事を行う。また，溶接中断時に溶接機の電源を入れたままにしておくと，第三者に感電の危険があるばかりでなく，火災の原因となるおそれがあるので，配電箱の電源開閉器を切っておく。

7.6 電撃による障害とその防止対策

7.6.1　電撃の概要

溶接作業中の電撃災害は，かつては溶接災害の中で最も多かった。しかし，絶縁型ホルダ，電撃防止装置の使用などによって，最近は減少している。

電撃の危険性は，主として次の①～④の要因によって決まる。

①通電電流の大きさ（人体に流れた電流の大きさ）

②通電時間（電流が人体に流れていた時間）

③通電経路（電流が流れた人体の部分）

④電流の種類（直流，交流，周波数など）

表7.3　電流の大きさと人体の感応の程度

電流の大きさ(mA)	人体感応の程度
1	電流を感ずる程度
5	相当の痛みを覚える
10	我慢できないほど苦しい
20	握った電線を自分で離せない
50	相当危険な状態
100	致命的な結果をまねく

人体を流れる電流が感知電流（商用周波数の交流で約1mAといわれる）を超えると，通電経路の筋肉がけいれんし，神経が麻痺して運動の自由がきかなくなり，自力で電源から離脱できなくなる。このような状態が長く続くと，呼吸困難になって意識を失ったり，窒息死することがある。このように運動の自由がきかなくなる限界の電流を不随電流といい，運動の自由を失わない最大限度の電流を離脱電流または可随電流という。

成人男性の離脱電流の平均値は，商用周波数の交流で約16mA，直流で約64mAといわれる。この平均値は，相当の苦痛をともない危険性も高いため，人間の個人差を考え，大多数の人が離脱できる電流値を安全限界とすると，成人男性は9mA，女性は6mAといわれている。

一般的な，電流の大きさと人体の感応の程度を表7.3に示す。人体を流れる電流は，身体や衣服，作業床の状態により異なる。身体や衣服が汗で濡れていたり，作業床との絶縁が悪いと，同じ状態でも電撃を受けやすいので，特に注意が必要である。電撃を受けると，ショックによる転倒，墜落事故につながり，死亡事故となることが多い。

7.6.2　防止対策

(1)　溶接機における対策

ケーブルはできるだけ短く配線し，その接続部は確実に締め付け，かつ絶縁する。また，容量不足のものや，損傷したり導線がむき出しになっているものは使用しない。

狭い場所や高所での交流アーク溶接作業には，電撃防止装置付きの溶接機を使用する。また，JIS C 9302に規定されている絶縁型ホルダを使用する。溶接機を，工事現場などの湿気の多い場所や鉄板，鉄骨などの上で使用するときは，溶接機の入力側に漏電遮断装置を接続する。

さらに，ワイヤまたは電極棒を身体の露出部で触れてはならない。

マグ・ミグ溶接機でコンタクトチップおよびワイヤを交換するとき，あるいはティグやプラズマ溶接機で電極棒を交換するときは，電源を切る。

(2)　服装・保護具の注意

絶縁性の安全靴を着用する。絶縁性の保護手袋は，常に乾いたものを使用する。また，破れていたり，濡れている作業衣は着用せず，身体は露出させないようにする。

7.7　高周波による障害とその防止対策

高周波は，アーク起動用高周波発生装置，インバータ制御などの電源装置，アーク溶接などから発生する。溶接機の近くにロボット，コンピュータ，工業用検出器および安全装置などの電子機器がある場合，高周波が侵入すると障害を起こすことがある。

電子機器の高周波障害を防止するためには，高周波エネルギーを低減させる必要がある。溶接ケーブルは，できるだけ短くして大きなループを作らないようにするとともに，床や大地にできるだけ近づけて配置，接続する。また，母材および溶接機の接地は，他の機器の接地と共用しない。高周波障害は，ほかから放射される高周波エネルギーを遮へいすることによっても防止できる。

心臓のペースメーカーなどの生命維持電子装置は，高周波によって異常作動することがある。このため，生命維持電子装置を使用している人は，装置メーカーおよび医師の許可があるまで，動作中の溶接機および溶接作業場所の周囲に近づいてはならない。

7.8 その他の障害とその防止対策

7.8.1　溶接材料の取り扱い不良による障害とその防止対策

ワイヤや溶加棒の先端で，眼，顔，手，足などに刺し傷やすり傷を負うことがあるので，取り扱う際には，革製保護手袋や保護具を着用する。また，ワイヤの止端部を外す際には，ワイヤ先端部から手を離してはならない。さらに，ワイヤを送給している場合には，トーチの先端を顔に近づけない。

トーチ先端以外のワイヤが，母材側に接触した状態で溶接すると，接触部でスパークが発生し，火災，熱傷の原因になるので注意する。

スプール巻きワイヤは，ワイヤ送給装置から外れないように取り付ける。特に，ワイヤ送給装置を吊り下げて使用する場合は，スプール巻きワイヤが落下しないようにする。

7.8.2　高圧ガス容器の取り扱い不良による障害とその防止対策

ガス容器の転倒，破損による災害を防止するために，ガス容器は場所を決めて，立てて固定するとともに，容器に「空」「充」の表示をしなければならない。また，ガス容器は屋内では高温の物体のそばに置かないようにし，屋外では直射日光の当たらない涼しい場所に保管する。ガス容器は，常に40℃以下に保たなければならない。

ガス容器は，使用していないときはバルブを閉じておき，使用に際してバルブを開けるときは，吐出口に顔を向けてはならない。また，ガス容器の保護キャップ（容器保護弁）は，常に取り付けておく。また，高圧ガス容器は「高圧ガス取締法」で表7.4に示すような色分けをするように定められているので，間違いの内容にしなければならない。

表7.4　ガスの種類と容器の色

ガスの種類	容器の色
酸　素	黒　色
炭酸ガス	緑　色
アルゴン	ねずみ色
アセチレン	褐　色
プロパン	ねずみ色
窒　素	ねずみ色
水　素	赤　色
塩　素	黄　色
アンモニア	白　色

ガス流量調整器に関しては，使用前に取扱説明書を読んで，注意事項を守らなければならない。

第2部

JIS Z 3805

演習問題

演習問題 1-1
チタンおよびチタン合金の種類と性質

問1.1.1 次の文は純チタンの基本的な性質について述べたものである。間違っているものを一つ選びなさい。

(1)チタンは温度が上昇すると約880℃でα相からβ相に変化する。

(2)チタンは酸素と強く結びつき，強固な酸化皮膜を形成する。

(3)チタンの溶接では，溶接部の表面および裏面を完全にシールドしなければならない。

(4)チタンに酸素や窒素が溶け込んでもチタンの強度に関係しない。

問1.1.2 次の文はチタンおよびチタン合金の基本的な性質について述べたものである。間違っているものを一つ選びなさい。

(1)工業用純チタン1種と3種を比較すると，1種の方が3種より引張強さが高くなっている。

(2)合金元素の添加は強度を増加し，同時に伸びを減少させる。

(3)チタンおよびチタン合金の一部は低温でも優れた延性とじん性を持っている。

(4)チタンの溶接性が良いことの一つの理由は，熱膨張と熱伝導が小さいことである。

問1.1.3 チタン溶接部に鉄が混入した場合について記述した文章のうち，正しいものを一つ選びなさい。

(1)鉄が混入しても溶接部の引張強さ，延性にまったく関係しない。

(2)チタンと鉄の化合物を作り，延性を改善する。

(3)溶接金属をもろくし，継手の延性を著しく低下させる。
(4)チタン中に完全に溶け込んで，引張強さを高める。

問1.1.4 次の文はチタンの基本的な性質について述べたものである。間違っているものを一つ選びなさい。

(1)チタンは溶融状態において，大気中のガスを溶解し，またそれと化合して材質を著しくもろくする。
(2)酸化物や窒化物を形成するときには，冷却中に割れを生ずることもある。
(3)水素はじん性に特に影響しない。
(4)水分はブローホールの原因となる。

問1.1.5 下の表は，チタン，アルミニウム，鉄の（物理的）性質を示したものである。密度はどの順になるか，正しいものを一つ選びなさい。

	鉄	チタン	アルミニウム
融点(℃)	1538	1673	660
熱膨張係数(10^{-6}/℃)	11.7	8.5	19.2
密度(g/cm^3)	（イ）	（ロ）	（ハ）

(1)イ＞ロ＞ハ
(2)イ＞ハ＞ロ
(3)ロ＞イ＞ハ
(4)ロ＞ハ＞イ

問1.1.6 チタンの耐食性について述べた文章のうち，間違っているものを一つ選びなさい。

(1)チタンの優れた耐食性はステンレス鋼と同様，その表面に安定した酸化皮膜を形成することにより得られる。

(2)硝酸に対する耐食性はステンレス鋼より優れている。

(3)海水に対する耐食性はステンレス鋼より劣る。

(4)チタンの安定した酸化皮膜は塩素イオンに対して極めて安定である。

問1.1.7 次の溶液にチタンを浸した場合，チタンが溶かされる（耐食性が悪い）ものを一つ選びなさい。

(1)海水

(2)か性ソーダ

(3)ふっ化水素酸

(4)3%塩酸（室温）

問1.1.8 チタン溶接部の色が金色（麦色）の場合，溶接部の性質は次のどれになるか，正しいものを一つ選びなさい。

(1)完全シールド状態であり，延性が大きい。

(2)ほとんど汚染のない溶接部である。

(3)溶接部表面の延性が少し低下する。

(4)溶接部はぜい弱である。

問1.1.9 チタン溶接部の色が銀色の場合，溶接部の性質は次のどれになるか，正しいものを一つ選びなさい。

(1)完全シールド状態であり，延性が大きい。

(2)ほとんど汚染のない溶接部である。

(3)溶接部表面の延性が少し低下する。

(4)溶接部はぜい弱である。

問1.1.10 チタン溶接部の色が黄白色の場合，溶接部の性質は次のどれになるか，正しいものを一つ選びなさい。

(1)完全シールド状態であり，延性が大きい。

(2)ほとんど汚染のない溶接部である。

(3)溶接部表面の延性が少し低下する。

(4)溶接部はぜい弱である。

問1.1.11 チタンの一般的な特長を示した次の文章のうち，正しいものを一つ選びなさい。

(1)チタンは鉄に比べて軽く，錆にくい。

(2)チタンはアルミニウムに比べて軽い。

(3)チタンはステンレス鋼と比べて同じ力を加えたときたわみにくい。

(4)チタンは溶融状態で，ガスと反応しにくい。

演習問題 1-2
チタンおよびチタン合金の溶接材料

問1.2.1 次は，チタンの溶接材料について述べた文で，間違っているものを一つ選びなさい。

(1)チタンの溶加材の成分値は，基本的に，母材と同種類のものを使う。
(2)チタンとチタン合金を溶接するときは，基本的に，チタン合金と同じ成分値の溶加材を使用する。
(3)種類の違う純チタン母材を溶接するときは，原則的に，酸素，鉄等の成分の低い方の溶加材を使用する。
(4)JIS H 4600の2種の板を溶接するときの適正溶加材はJIS Z 3331のSTi0120またはSTi0120Jが良い。

問1.2.2 次に示すチタン母材（JIS H 4600）の継手と，それを溶接する際の溶加材の組合せで最も正しいものを一つ選びなさい。

(1)母材がJIS 1種溶加材STi0125またはSTi0125J。
(2)母材がJIS 1種溶加材STi6400またはSTi6400J。
(3)母材がJIS 1種とJIS 2種溶加材STi0100またはSTi0100J。
(4)母材がJIS 1種とJIS 60種溶加材STi6400またはSTi6400J。

問1.2.3 チタンの溶加材または開先面に，油，水，塗料，その他の汚れが付いた場合の害について，次のうちから間違ったものを一つ選びなさい。

(1)ブローホールが多量に発生する。
(2)溶接金属の伸びが下がり，もろくなるなど機械的性質が低下する。

(3)オーバラップやアンダカットが多量に発生する。
(4)溶接部に色がつきやすい。

問1.2.4 チタンの溶加棒または溶接ワイヤについて，次のうちから正しいものを一つ選びなさい。

(1)使用時には，送給しやすいように，薄く油を塗布する。
(2)油や水分など，汚れがつくとオーバラップが多発する。
(3)板材から切り出して溶加材とするときは，シャリングしてそのまま使用する。
(4)油や水分などの汚れがつくとブローホールが多発したり，機械的性質が劣化する。

問1.2.5 チタンの溶接における母材および溶加材の溶接前処理について，次の文章のうちで正しいものを一つ選びなさい。

(1)アセトンで洗浄した後，硝ふっ酸で酸洗する。
(2)アセトンで洗浄した後，希硫酸で酸洗する。
(3)グラインダで研削した後，アセトンで洗浄する。
(4)グラインダで研削した後，希塩酸で酸洗する。

問1.2.6 チタンの溶接材料について述べた次の文章で，正しいものを一つ選びなさい。

(1)チタン溶接ワイヤは巻き戻したとき,巻き癖が大きく残るものがよい。
(2)チタン溶加棒は直線性が良いものがよい。
(3)チタン溶加棒の直径は，母材の板厚が2倍以上を選ぶとよい。
(4)フィラー溶接とは溶加材を使わない溶接である。

問1.2.7 次の文章は，チタンの溶接のときに使用する溶接材料について述べている。間違っているものを一つ選びなさい。

(1) 溶接を始める前に，予備のチタン板に試験溶接して，溶接部に著しい色がつくようであれば，シールドガスに問題があるか，材料が汚れていることなので，改善する。

(2) 溶加棒はアークを切った後も，トーチシールドガスの中で冷却する。

(3) 使い残りの溶加棒は，先端を切断し，アセトンで拭けば再度使用できる。

(4) JISで規定した高圧容器に入っているアルゴンの濃度は89%である。

問1.2.8 次に示すチタンの溶接材料の保管方法について，適当と思われるものを一つ選びなさい。

(1) 一度使用した溶加棒の残りは，再度利用してはならない。

(2) 溶加材はウエスに包んで作業現場に置く。

(3) 溶加材は新聞紙に包んで材料保管室に置く。

(4) 溶加材はプラスチックまたは金属製の筒に入れて，材料保管室に置く。

問1.2.9 次のチタンの溶接材料について述べた文章のうち，正しいものを一つ選びなさい。

(1) 油をつけて保管する。

(2) 母材と同じか近い成分のものを用いる。

(3) 板を切断して使うときはグラインダで仕上げ加工する。

(4) 保管するときは新聞紙できちんと包む。

演習問題 2

溶接機とその特性

問2.1 次の（1）～（4）の図は，溶接中の電流と電圧を測るための電流計Aと電圧計Vの配置図である。正しい配置図を一つ選びなさい。

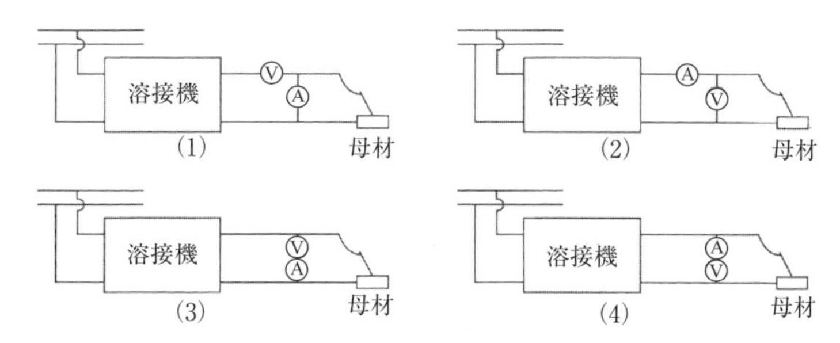

問2.2 次の（1）～（4）の図は，溶接電流を測定するために分流器（シャント）を接続したところを示したものである。正しい接続図を一つ選びなさい。

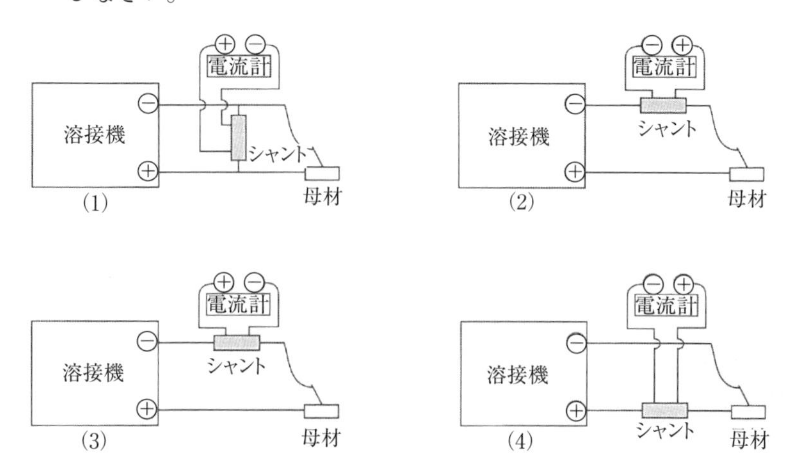

問2.3 次の（1）～（4）の文は，電流を一定にしてプラス極とマイナス極との間にアークを発生させたとき，アーク電圧と電極間の距離（アーク長さ）との関係を調査した結果を示している。正しい内容の文を一つ選びなさい。

(1) アーク長が長くなるとアーク電圧は高くなる。

(2) アーク長が長くなってもアーク電圧は変わらない。

(3) アーク長が短くなるとアーク電圧は高くなる。

(4) どのようなシールドガスを使っても，アーク長が同じであればアーク電圧も同じになる。

問2.4 下図は溶接電源の外部特性を示している。正しい内容の文を一つ選びなさい。

(1) ①の線は垂下特性を表し，ミグ溶接などに利用される。

(2) ①の線は定電圧特性を表し，ティグ溶接などに利用される。

(3) ②の線は垂下特性を表し，ティグ溶接などに利用される。

(4) ②の線は定電圧特性を表し，ミグ溶接などに利用される。

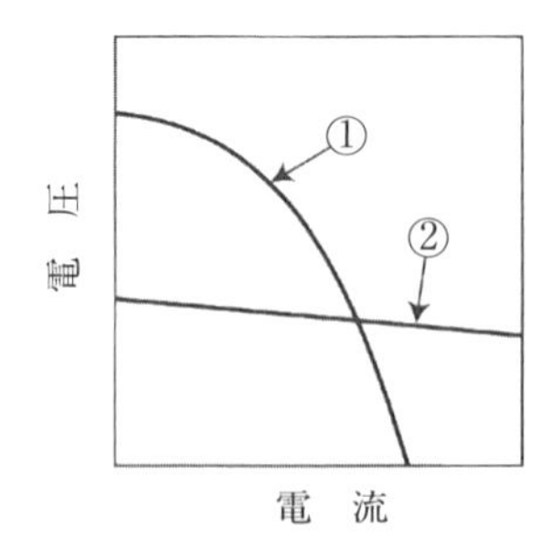

問2.5 次の（1）～（4）の文は，ティグ溶接での極性について説明したものである。正しいものを一つ選びなさい。

(1) 直流で電極をプラスにすると，溶込みが深くなる。

(2)直流で電極をマイナスにすると，溶込みが深くなる。
(3)直流で電極をプラスにした方が，マイナスにするより大電流で溶接できる。
(4)交流にすると，どのような極性の直流よりも溶込みが深くなる。

問2.6 次の（1)～(4）の文は，溶接電源の使用率について記述したものである。正しいものを一つ選びなさい。

(1)使用率60%とは，どのような電流でも10分間中，6分間アークを出せる。
(2)使用率60%とは，どのような電流でも10分間中，6分を超えてアークを出せる。
(3)使用率60%とは，定格出力電流で100分間中，60分間アークを出せる。
(4)使用率60%とは，定格出力電流で10分間中，6分間アークを出せる。

問2.7 次の各種材料を溶接する場合に，溶接電源として交流電源が不適切と思われる材料はどれか。(1)～(4）の中から一つ選びなさい。

(1)チタン
(2)ステンレス鋼
(3)アルミニウム
(4)炭素鋼

問2.8 直流ティグ溶接では高周波発生装置が用いられるが，その目的は下記の（1)～(4）のうちどれか。正しいものを一つ選びなさい。

(1)電波障害を少なくするため。
(2)電源溶接機の焼損を防止するため。
(3)クレータを埋めてくぼみをなくす（つまりクレータフィラー）ため。
(4)容易にアークを発生させ，電極先端を傷めず，また溶接部の汚染を防ぐため。

問2.9 ミグ溶接の2次ケーブル（トーチのリード線）の過熱の原因とならないものは，次の（1）～（4）のうちどれか。正しいものを一つ選びなさい。

(1) トーチと2次ケーブル線を冷やしている水の量
(2) 2次ケーブルサイズやトーチの定格と溶接電流
(3) 電極ワイヤの直径や種類
(4) 2次ケーブルの接続不良

問2.10 ミグ溶接でアークの長さが不安定になる原因とならないものは，次の（1）～（4）のうちどれか。正しいものを一つ選びなさい。

(1) 電極ワイヤの送給が均一でない。
(2) アルゴン流量が多すぎる。
(3) コンジットチューブとトーチ内での摩擦が大きい。
(4) 送給モータとガバナの調整不良。

演習問題 3

溶接施工法

問3.1 次の（1）～(4) の文は，チタンを溶接した際のひずみについて記述したものである。正しいものを一つ選びなさい。

(1) 溶接によるひずみは，チタンの方がステンレス鋼より大きい。

(2) 拘束ジグを用いたり，逆ひずみを与えることはチタンのひずみ防止に有効な方法である。

(3) チタンは冷間ではスプリングバックが大きいため，700℃以上に加熱し，十分軟化させてひずみを矯正する。

(4) 溶接によるひずみは，予測できないので溶接前に考慮するのは時間の無駄である。

問3.2 次の（1）～(4) の文は，チタンを溶接する際のアフターシールドガスについて述べたものである。正しいものを一つ選びなさい。

(1) 電極や溶加棒を大気による汚染から防止するために用いる。

(2) 溶接の進行に従って溶接ビードが冷却されるが，溶接ビード面の温度が約450℃以下になるまでシールドしないと酸化するので用いる。

(3) 溶接ビード裏面および近傍の高温加熱部を大気の汚染から防止するために用いる。

(4) 溶接ビードを強制冷却して結晶粒の微細化を図ることを目的としている。

問3.3 次の（1）～(4) の文は，チタンのアーク溶接について述べたものである。間違っているものを一つ選びなさい。

(1)チタンのアーク溶接には，ティグ溶接やミグ溶接などが用いられる。
(2)チタンのアーク溶接は，ステンレス鋼などの溶接とは異なり，トーチシールドやバックシールドに加えて，アフターシールドが必要である。
(3)チタンは炭素鋼とアーク溶接はできないが，ステンレス鋼などの高合金鋼などとはアーク溶接が可能である。
(4)チタンのアーク溶接に用いられるティグ溶接のシールドガスには，アルゴンやときにはヘリウムが用いられる。

問3.4　次の（1）～(4）の文は，チタンのアーク溶接時に用いるシールドガスについて述べたものである。正しいものを一つ選びなさい。

(1)チタンのアーク溶接に用いるシールドガスには炭酸ガスが用いられる。
(2)チタンのアーク溶接に用いるシールドガスには酸素ガスが用いられる。
(3)チタンのアーク溶接に用いるシールドガスにはアルゴンが用いられる。
(4)チタンのアーク溶接に用いるシールドガスには窒素ガスが用いられる。

問3.5　次の（1）～(4）の文は，チタンのアーク溶接について述べたものである。正しいものを一つ選びなさい。

(1)溶接時に高温の加熱部が大気に触れると酸化や窒化が起こる。
(2)チタンのアーク溶接には交流や直流のティグ溶接が用いられる。
(3)チタンは低温ぜい性を有するため，溶接を行う前の予熱が必要である。
(4)溶接部の表面が酸化した場合，その表面をグラインダで除去すれば健全な溶接部となる。

問3.6　次の（1）～(4）の文は，チタンの溶接施工において特に気をつけなければならないことについて述べたものである。正しいものを一つ選びなさい。

(1)冷却速度を速めるために溶接物を水で冷やす。

(2) 予熱，ピーニングおよび焼なましなどを必ず行う。
(3) 開先を加工するときは，機械加工で行うことが最も良いが，グラインダで加工してもよい。
(4) 開先の表面は，溶接を行う前に必ずクリーニングを行う。

問3.7 次の（1）～（4）の文は，チタンの溶接施工について述べたものである。正しいものを一つ選びなさい。

(1) 溶接ビードの強度は，強度上なるべく高くする方がよい。
(2) ティグ溶接用の電極としては，純タングステンよりトリウム入りタングステンの方が一般に優れている。
(3) 両面溶接の裏はつりにはアークエアガウジングを使用するのが一般的である。
(4) 薄板の溶接にはティグ溶接が用いられるが，ミグ溶接の方が適している。

問3.8 次の（1）～（4）の文は，チタンの溶接部の欠陥補修について述べたものである。正しいものを一つ選びなさい。

(1) 補修溶接は大気による汚染や材質劣化の見地からして，できる限り回数を少なくする。
(2) タック溶接が悪くても，それを補って本溶接するのが優秀な溶接技能者といえる。
(3) タック溶接後，本溶接するまでに長時間放置することが溶接の上から好ましい。
(4) タック溶接は，本溶接に比べ重要度が低いので，資格を持った溶接技能者が行う必要がない。

問3.9 次の（1）～（4）の文は，チタンの溶接施工について述べたものである。正しいものを一つ選びなさい。

(1) 溶接ビード表面は，溶接終了後にワイヤブラシなどでブラッシングしてよい。

(2) 一度発生したブローホールは補修してもなかなか補修できないので，多少規格を外れても補修しない方がよい。

(3) 欠陥部を削除する場合に用いる切削工具は，特に注意する必要はない。

(4) 溶接ビード表面は，チタンの溶接施工の善し悪しを示すものなので，溶接施工直後，表面にブラッシングなどの加工を加えてはならない。

問3.10 次の（1）～（4）の文は，チタンの溶接ビードの表面色について述べたものである。正しいものを一つ選びなさい。

(1) チタン溶接部の変色は，JIS Z 3805において青まで許容される。

(2) チタン溶接部の変色は，JIS Z 3805において変色すること自体が許容されていない。

(3) チタン溶接部は，いかなる場合にも変色しない。

(4) チタン溶接部は，アルゴンにより変色する。

問3.11 チタン溶接用のシールドガスについて述べた次の文章の中で，間違っているものを一つ選びなさい。

(1) チタン溶接用のアルゴン純度は99.9%以上が望ましい。

(2) シールドガスが適正に流れているかを現場的に判定するには，予備のチタン板にアークを数秒発生し，アークを切った後約10秒ガスを流し，表面の色を観察する。この色が光沢のある銀色であれば良好である。

(3) チタン溶接用のシールドガスとして，アルゴンと炭酸ガスの混合ガスを使う。

(4) チタン溶接用のシールドガスとして，アルゴンまたはヘリウムを使う。

演習問題 4

溶接部の試験と検査

問4.1 次にあげる試験法のうちで非破壊試験に属するものはどれか。正しいものを一つ選びなさい。

(1)浸透探傷試験

(2)曲げ試験

(3)引張試験

(4)硬さ試験

問4.2 次の図は溶接部に現れる欠陥の名称を示したものである。間違っているものを一つ選びなさい。

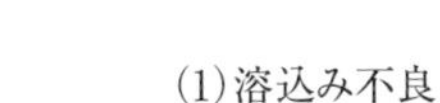

(2)ブローホール

(3)割　れ

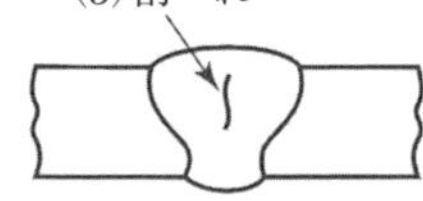

(4)オーバラップ

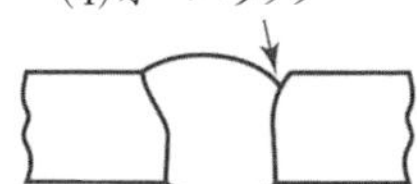

問4.3 次の溶接欠陥のうち，通常放射線透過試験によって判定されるものを述べたものである。正しいものを一つ選びなさい。

(1)ひずみ

(2)溶込み不良

(3) 脚長不足
(4) オーバラップ

問4.4 次は溶接部の外観試験で検出できるものを示したものである。間違っているものを一つ選びなさい。

(1) ブローホール
(2) オーバラップ
(3) アンダカット
(4) 表面割れ

問4.5 次の文章の中で間違っているものを一つ選びなさい。

(1) 放射線透過試験では，ブローホールや融合不良など内部の欠陥を主に検出する。
(2) 浸透探傷試験には赤色の欠陥指示を示す染色浸透探傷とブラックライトを照射することにより，蛍光色の欠陥指示を示す蛍光浸透探傷がある。
(3) 浸透探傷試験のうち，染色浸透探傷は表面に現れた欠陥だけしか検出できないが，蛍光浸透探傷では表面に現れていない割れも検出できる。
(4) 超音波探傷試験は材料の表面に探触子をあてて超音波を入射させ，その反射波をブラウン管などで観察し，欠陥を調べる方法である。

問4.6 次の文は，溶接部に生じる欠陥について述べたものである。正しいものを一つ選びなさい。

(1) アンダカットは切欠きになるが，溶接部の破壊の原因となることはない。
(2) 溶込み不良が密着に近い場合には，継手の強度を低下させることはない。

(3)溶接部に生じる欠陥は内部欠陥だけである。

(4)割れは，継手の強度を著しく低下させる最も重大な欠陥である。

問4.7　次の文は，破壊試験について述べたものである。正しいものを一つ選びなさい。

(1)引張強さや伸びを測定するために，引張試験を行う。

(2)じん性を調べるために，疲れ試験を行う。

(3)溶接金属内部のブローホールの有無を調べるために，曲げ試験を行う。

(4)溶接熱影響部の硬さを調べるために，衝撃試験を行う。

問4.8　次の文は，組織試験について述べたものである。正しいものを一つ選びなさい。

(1)マクロ組織試験においては，溶接部の断面をガス切断したままの状態で試験できる。

(2)ミクロ組織試験は，溶込み形状を調べるために行う。

(3)組織試験は，マクロ組織試験とミクロ組織試験に大別される。

(4)炭素鋼のミクロ組織試験をする際には，観察表面を鏡面研磨するだけでよく，腐食は必要ない。

問4.9　次の文は，各種非破壊試験の特性について述べたものである。間違っているものを一つ選びなさい。

(1)内部欠陥の検出に適した方法は，放射線透過試験と超音波探傷試験である。

(2)超音波探傷試験は体積状の欠陥の検出に適している。

(3)表面欠陥の検出に適した方法は，磁粉探傷試験と浸透探傷試験である。

(4)溶接部のブローホールの検出に最適な方法は，放射線透過試験である。

問4.10 次の文は，漏れ試験と耐圧試験の特性について述べたものである。間違っているものを一つ選びなさい。

(1)気密を要する製品に対して，漏れ試験が行われる。

(2)耐圧試験においては，構造物が設計上の強度に耐えるかどうかの確認を目的としている。

(3)水密を要する製品に対して，漏れ試験が行われる。

(4)耐圧試験に際しては，一般に空気を用いて圧力を加える。

演習問題 5

障害とその防止対策

問5.1 次の文章は，溶接電源の取扱いについて述べたものである。正しいものを一つ選びなさい。

(1) アース回路は鉄骨の建屋，酸素配管などに確実につなぐ。
(2) 溶接電源の外箱は確実にアースをとらなければならない。
(3) 溶接電源のスイッチが入っていてもアークを出さなければ安全である。
(4) 溶接作業場，電源周辺は火災防止のため水で濡らしておくとよい。

問5.2 次の文章で正しいものを一つ選びなさい。

(1) 電源で失神した人を発見したら，まず電源を切る。
(2) スイッチを切るときは必ず左手で行う。
(3) 人体にある電流が流れると筋肉のけいれんや神経の麻痺が起こる電流値を，最小感知電流という。
(4) 2次側のタップ切替えはアークを出しながら行う。

問5.3 次の文章は，アーク溶接のとき発生するアークについて起こしやすい災害について述べている。正しいものを一つ選びなさい。

(1) 紫外線のため網膜を傷め，電気性眼炎になる。
(2) 紫外線のため網膜を痛め，急性トラホームになる。
(3) 視神経を傷つけ，色盲になる。
(4) 紫外線が主なので，肌に害はない。

問5.4 遮光ガラスやカーテンについて，次の文章で正しいものを一つ選びなさい。

(1)チタンのアーク溶接では，遮光カーテンはレッド系のものだけを使う。
(2)100A程度のティグ溶接には，フィルタガラスの遮光度番号は9～10のものを使う。
(3)ティグやミグ溶接の場合，電流が高いほど遮光度番号は小さいものを使う。
(4)溶接作業時に遮光ガラスがないときは，保護ガラスを使う。

問5.5 次の文章は，ガスの容器の色について述べている。間違ったものを一つ選びなさい。

(1)酸素ガスは黒色
(2)炭酸ガスは緑色
(3)水素ガスは黄色
(4)アルゴンはねずみ色

問5.6 高圧容器や流量調整器について述べた次の文で，正しいものを一つ選びなさい。

(1)高圧容器を開けるときはハンマーでしっかり開ける。
(2)高圧容器をつり上げるときは，電磁石クレーンを使用すること。
(3)高圧容器の保管は直射日光を避け，通風のよい場所とする。
(4)流量調整器は，取付けは口金に油を塗って漏れを防ぐ。

問5.7 次の文章は，アルゴンについて述べている。間違ったものを一つ選びなさい。

(1)アルゴンは毒性がないが，窒息の危険性がある。

(2) アルゴンは空気より重いので，タンク内では特に換気に注意する。
(3) アルゴンは空気より軽いので，換気の必要性がない。
(4) アルゴンは爆発性や麻痺性がない。

問5.8 次の文章は，アルゴンについて述べている。間違ったものを一つ選びなさい。

(1) アルゴンは無色である。
(2) アルゴンは無臭である。
(3) アルゴンは窒息性である。
(4) アルゴンは空気より軽い。

問5.9 次の文章は，ガス・ヒュームについて述べている。正しいものを一つ選びなさい。

(1) 溶接作業場にガス・ヒュームの吸引装置をつける。
(2) チタンは錆びないので，清掃や換気は不要である。
(3) ガス・ヒュームの害を防ぐため，溶接トーチ周辺では空気の流れを特に早く確保する。
(4) ヒューム吸引装置は個別の溶接作業場ではなく，建屋全体につける。

問5.10 高周波による障害と防止対策で次の文章の正しいものを一つ選びなさい。

(1) 心臓のペースメーカーなどは高周波で異常作動することがあるので，医者と相談する必要がある。
(2) 溶接ケーブルは長めに用意し，ループに巻いて使用する。
(3) 近くで使う電子機器の接地は，母材や溶接機の接地とともに一本にまとめる。
(4) 高周波は電線を通じて伝わるので，空中は伝わらない。

問5.11 次の文章は，感電防止について述べたものである。間違っているものを一つ選びなさい。

(1)良好な絶縁性のある手袋，靴，作業服を着用する。
(2)トーチや溶接機の絶縁に注意する。
(3)衣服や体が湿っていないこと。
(4)一日の作業を始めたら，溶接作業中止時には電源を切らない。

問5.12 次の文章は，ガス・ヒュームについて述べている。間違ったものを一つ選びなさい。

(1)工場内はよく清掃し，粉じんが立たないようにする。
(2)工場内の換気は良く保つ。
(3)溶接作業場の空気の流速が速くなるよう換気を強く保つ。
(4)タンク内でアルゴンがたまると，窒息のおそれがある。

問5.13 チタンのティグ溶接作業場での安全を確保するための注意事項として，間違っているものを一つ選びなさい。

(1) 作業通路を確保すること。
(2) 換気を十分にすること。
(3) 高所では安全ベルトを装着すること。
(4) 床がコンクリートのときは直接コンクリート上で溶接すること。

問5.14 溶接用安全防具でないものを一つ選びなさい。

(1) 遮光めがね
(2) 手　　袋
(3) 溶接トーチ
(4) 腕カバー

第3部

JIS Z 3805

演習問題模範解答

1-1 チタンおよびチタン合金の種類と性質●解答

問1.1.1（4）
問1.1.2（1）
問1.1.3（3）
問1.1.4（3）
問1.1.5（1）
問1.1.6（3）
問1.1.7（3）
問1.1.8（2）
問1.1.9（1）
問1.1.10（4）
問1.1.11（1）

1-2 チタンおよびチタン合金の溶接材料●解答

問1.2.1（2）
問1.2.2（3）
問1.2.3（3）
問1.2.4（4）
問1.2.5（1）
問1.2.6（2）
問1.2.7（4）
問1.2.8（4）
問1.2.9（2）

2 溶接機とその特性●解答

問2.1（2）
問2.2（2）
問2.3（1）
問2.4（4）
問2.5（2）
問2.6（4）
問2.7（1）
問2.8（4）
問2.9（3）
問2.10（2）

3 溶接施工法●解答

問3.1 (2)
問3.2 (2)
問3.3 (3)
問3.4 (3)
問3.5 (1)
問3.6 (4)
問3.7 (2)
問3.8 (1)
問3.9 (4)
問3.10 (1)
問3.11 (3)

4 溶接部の試験と検査●解答

問4.1 (1)
問4.2 (4)
問4.3 (2)
問4.4 (1)
問4.5 (3)
問4.6 (4)
問4.7 (1)
問4.8 (3)
問4.9 (2)
問4.10 (4)

5 障害とその防止対策●解答

問5.1 (2)
問5.2 (1)
問5.3 (1)
問5.4 (2)
問5.5 (3)
問5.6 (3)
問5.7 (3)
問5.8 (4)
問5.9 (1)
問5.10 (1)
問5.11 (4)
問5.12 (3)
問5.13 (4)
問5.14 (3)

第4部

JIS Z 3805/WES8205

受験ガイド

チタン溶接技能者
評価試験の受験ガイド

はじめに

一般社団法人日本溶接協会は，平成11年3月に公益財団法人日本適合性認定協会（略称 JAB）から“溶接管理技術者”，“溶接技能者”資格を認証する「要員認証機関」として認定を受けた。

このJAB認定による溶接技能者資格は，本書に解説するチタン溶接技能者資格のほか，手溶接技能者資格，半自動溶接技能者資格，ステンレス鋼溶接技能者資格，プラスチック溶接技能者資格および銀ろう付技能者資格がある。

チタン溶接技能者の認証を受けるための評価試験は，JIS Z 3805「チタン溶接技術検定における試験方法及び判定基準」に基づいて，一般社団法人日本溶接協会が溶接技能者の資格を認証するために必要な事項を規定する WES 8205「チタン溶接技能者の資格認証基準」に則って実施されるものである。

資格の種類

資格の種類は，表1に示すとおりである。また，資格は基本級と専門級に分けている。基本級と対応する専門級を表2に示す。

受験者は，溶接方法，溶接姿勢，試験材料の厚さの区分，継手の種類，裏当て金の有無および開先形状によって区分された資格の種別を選択する。

表1　資格の種類

<table>
<tr><th>資格級別</th><th>記号</th><th>溶接方法</th><th>溶接姿勢</th><th>試験材料の厚さの区分</th><th>継手の種類</th><th>裏当て金</th><th>開先形状</th></tr>
<tr><td>基本級</td><td>RT-F</td><td rowspan="5">ティグ溶接</td><td>下向</td><td rowspan="4">薄板</td><td rowspan="4">板の突合せ継手</td><td rowspan="5">なし</td><td rowspan="5">V形又はI形</td></tr>
<tr><td rowspan="4">専門級</td><td>RT-V</td><td>立向</td></tr>
<tr><td>RT-H</td><td>横向</td></tr>
<tr><td>RT-O</td><td>上向</td></tr>
<tr><td>RT-P</td><td>水平固定及び鉛直固定</td><td>薄肉管</td><td>管の突合せ継手</td></tr>
<tr><td>基本級</td><td>RM-F</td><td>ミグ溶接</td><td>下向</td><td>中板</td><td>板の突合せ継手</td><td>あり</td><td>V形</td></tr>
</table>

表2　基本級および対応する専門級

溶接方法	試験材料の厚さ区分	基本級の資格種別記号	対応する専門級資格種別記号
ティグ溶接	薄板・薄肉管	RT-F	RT-V　RT-H RT-O　RT-P
ミグ溶接	中板	RM-F	—

(1) 溶接方法の区分

①ティグ溶接

②ミグ溶接

(2) 溶接姿勢

①下向（板）

②立向（板）

③横向（板）

④上向（板）

⑤水平固定および鉛直固定（薄肉管）

(3) 試験材料の厚さの区分

①薄板：3.0mm（呼び板厚）

②薄肉管：80A～100A（呼び径），3.0mm（呼び肉厚）

③中板：6.0mm（呼び板厚）

(4) 継手の種類

①板の突合せ継手

②管の突合せ継手

(5) 裏当て金の有無

①あり

②なし

(6) 開先形状

①V形

②I形

なお，実際の溶接作業については，構造物や工事の溶接施工要領書，仕様書などに示された資格を所有する技能者が溶接を行う必要があり，発注者や溶接技術者などとの事前協議で十分に確認することが肝心である。

評価試験の受験資格

受験資格の概要を，**表3**に示す。なお，表3には記述していないが，受験者は労働安全衛生法に基づく「アーク溶接等の特別教育」を修了していることが望ましいので，事前に受講しておくことを推奨する。

表3　受験資格

資格級別	受験資格
基本級	1ヵ月以上の溶接技術を習得した15歳以上の者。
専門級	3ヵ月以上の溶接技術を習得した15歳以上の者で，表2に示す各専門級に対応する基本級の資格を現有する者。 ただし，基本級の試験に合格することを前提として基本級の試験及び専門級の試験を同時に受験することができる。

評価試験の科目

評価試験は，学科試験と実技試験を行う。

(1) 学科試験の内容

学科試験内容は，次のとおりである。

①チタンの種類と性質
②チタンの溶接材料
③溶接施工
④溶接部の試験と検査
⑤溶接作業での災害防止

(2) 学科試験の省略

次の受験者の場合，学科試験は省略する。

①JIS Z 3805 および WES 8205 に基づく評価試験に合格した者，または，この基準の施行以前のJIS Z 3805 に基づく検定試験に合格した者。ただし，認証を受けたことが確認できる適格性証明書の写し（カラーコピー）の提示が必要である。なお，適格性証明書の有効期限が切れていても良い。

②JIS Z 3805 および WES 8205 に基づく評価試験で学科試験に合格した者。ただし，必ず学科合格証明書（有効期間内のもの）が必要である。

(3) 外国語学科試験問題

日本語以外に韓国語があるので，これらで受験する場合には，受験申し込み時に申請すること。ただし，受験当日の申請は認められない。

(4) 実技試験

実技試験は，種目（資格の種別）に応じて，表1に示す試験材料の溶接を行う。当日の受験種目の変更は認められない。

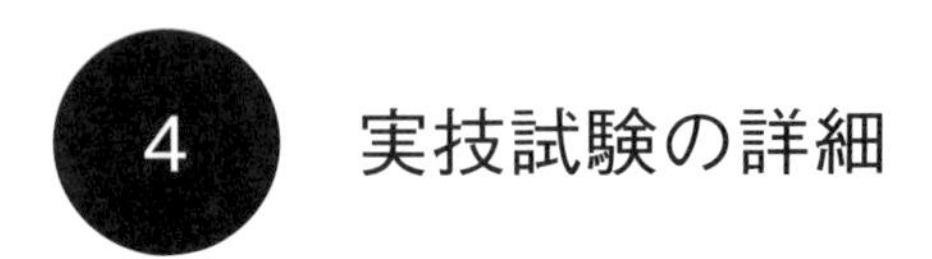

4　実技試験の詳細

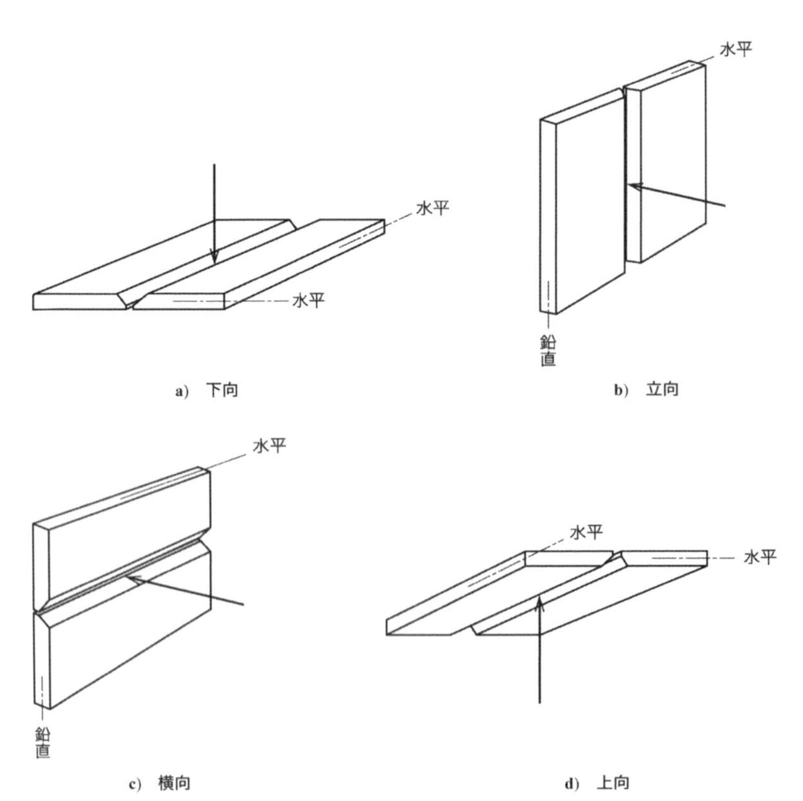

注記　矢印は，溶接技能者が試験材料の溶接線へ対面する方向を示す。

図1　板の溶接姿勢

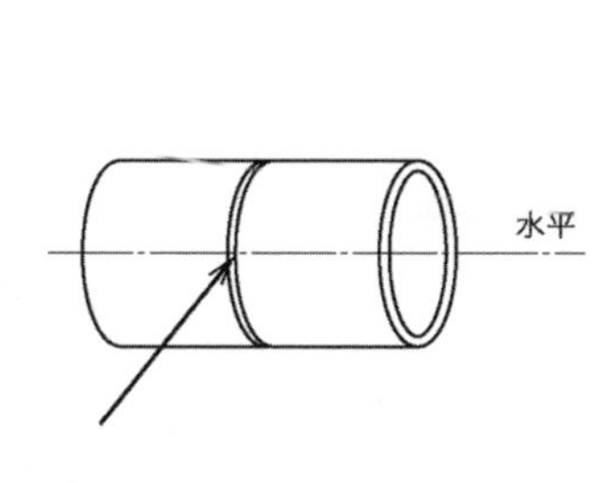

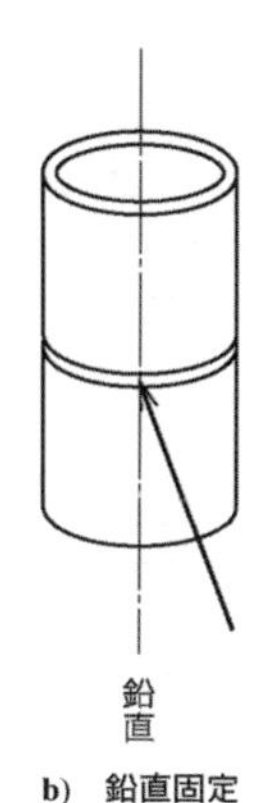

a)　水平固定　　b)　鉛直固定

注記　矢印は，溶接技能者が試験材料の溶接線へ対面する方向を示す。

図2　管の溶接姿勢

4.1　溶接姿勢

板の溶接を行う姿勢を図1に，管の溶接を行う姿勢を図2に示す。

4.2　試験材料の形状・寸法

(1)　板の試験材料の形状・寸法

板の試験材料の形状および寸法などの詳細を，図3，図4に示す。

(2)　管の試験材料の形状・寸法

管の試験材料の形状および寸法などの詳細を，図5に示す。

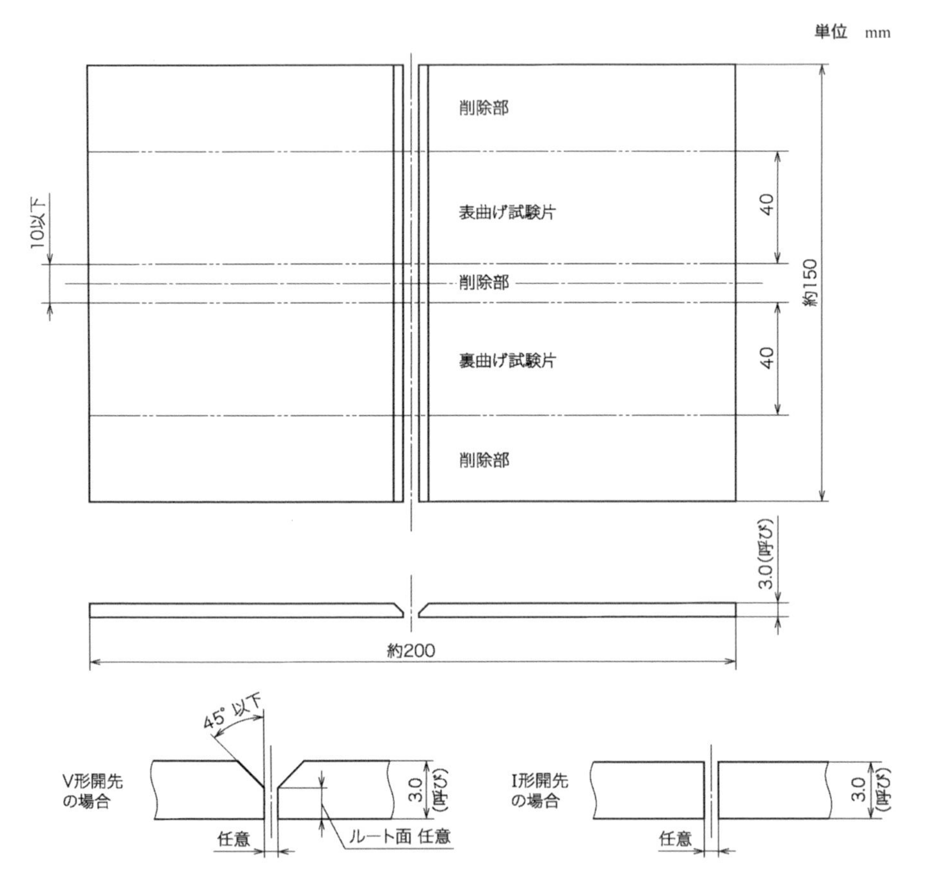

開先形状は，V形又はI形とする。

注記　板厚に付した“(呼び)”は，呼び寸法又は公称寸法であることを示す。

図3　ティグ溶接の板の試験材料の形状，寸法及び試験片採取位置

単位　mm

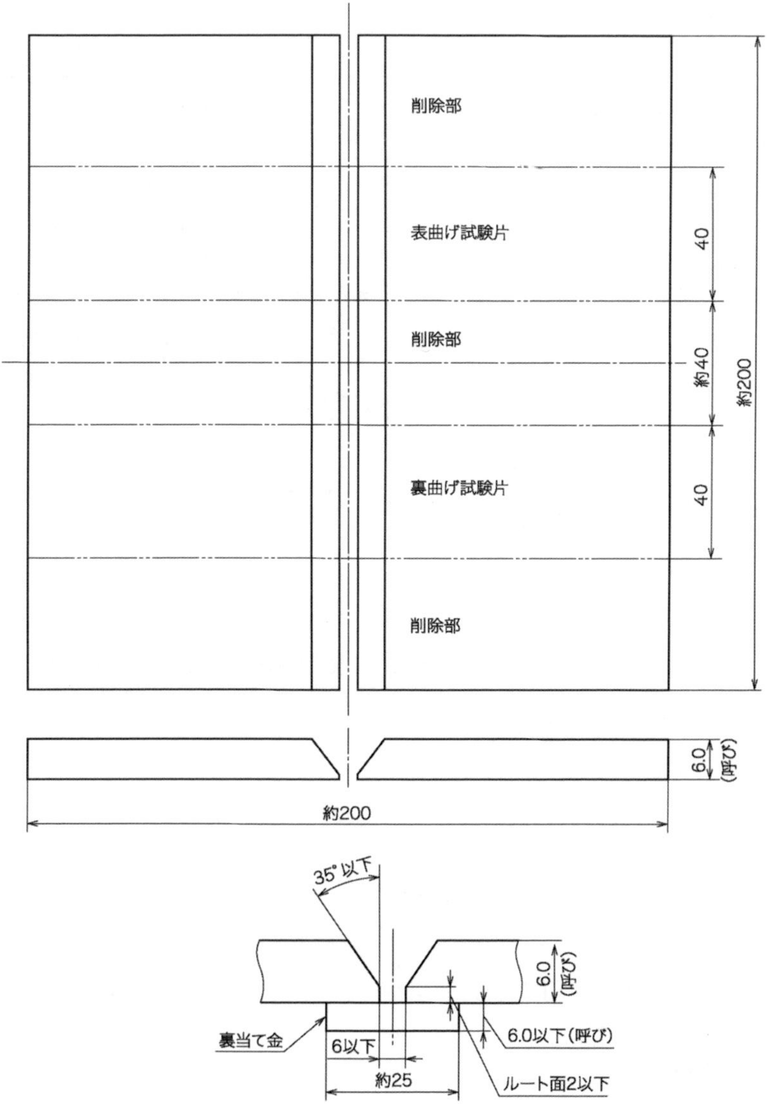

削除部
表曲げ試験片
削除部
裏曲げ試験片
削除部
40
約40
40
約200
6.0 (呼び)
約200
35° 以下
6.0 (呼び)
裏当て金
6以下
約25
6.0以下 (呼び)
ルート面2以下

開先形状は，V形とする。

注記　板厚に付した“(呼び)”は，呼び寸法又は公称寸法であることを示す。

図4　ミグ溶接の板の試験材料の形状，寸法及び試験片採取位置

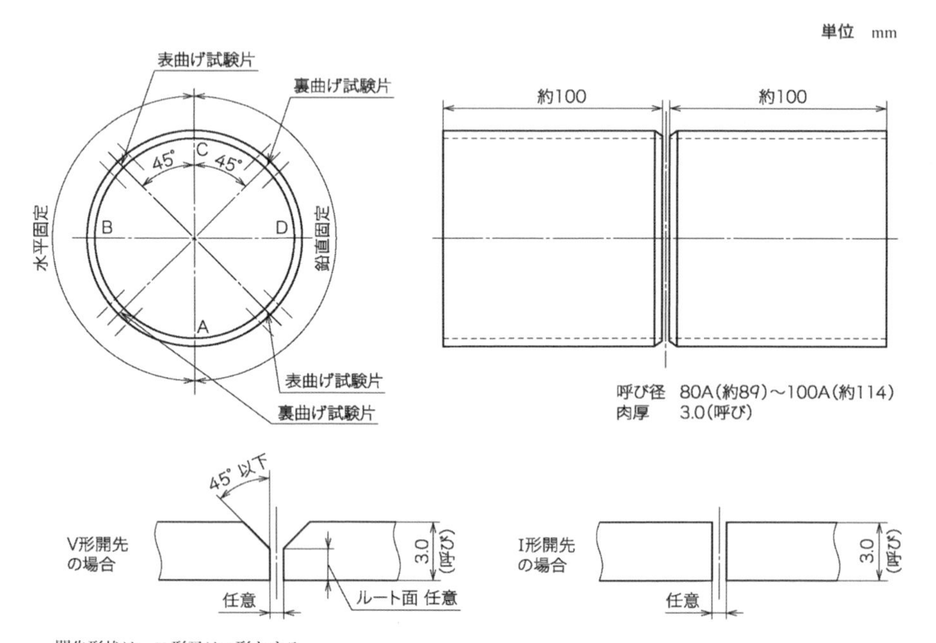

開先形状は，V形又はI形とする。
注記 板厚に付した“(呼び)”は，呼び寸法又は公称寸法であることを示す。

図5　ティグ溶接の管の試験材料の形状，寸法および試験片採取位置

4.3　試験に使用するチタン材

(1)　板の試験材料

板の試験材に用いるチタン材は，JIS H 4600「チタン及びチタン合金－板及び条」に規定する２種のチタン板およびこれらと同等と認められるもの。なお，裏当て金の材料も，上記のいずれかを使用する。

(2) 管の試験材料

管の試験材に用いるチタン鋼材は，JIS H 4630「チタン及びチタン合金－継目無管」またはJIS H 4635「チタン及びチタン合金－溶接管」が規定する2種のチタン管およびこれらと同等と認められるもの。

4.4　試験に使用する溶接材料

(1) ティグ溶接

ティグ溶接に使用する溶加棒は，次のいずれかとする。

①JIS Z 3331に規定するS Ti 0120またはS Ti 0120J。

②上記の溶加棒と同等と認められるもの。

(2) ミグ溶接

ミグ溶接に使用する溶接ワイヤは，次のいずれかとする。

①JIS Z 3331に規定するS Ti 0120またはS Ti 0120J。

②上記の溶接ワイヤと同等と認められるもの。

4.5　試験に使用するガス

試験に使用するガスは，次のいずれかとする。

①ティグ溶接およびミグ溶接に使用するガスは，JIS Z 3253に規定するI1（Ar）に適合するものおよびこれと同等と認められるもの。

②バックシールドに使用するガスは，JIS Z 3253に規定するI1（Ar）に適合するものおよびこれと同等と認められるもの。

4.6　試験に使用する溶接機器とジグ

試験材作製に用いる溶接機，付属機器は規定しない。アフターシールドジグ

（トレーラーシールドジグ）およびバックシールドジグおよび押さえジグ（拘束ジグ）は，試験場によっては用意されていないところもあるので，事前に問い合わせておくとよい。溶接機および各種ジグについては，試験場により持ち込みも可能である。

溶接上の注意

5.1　一般的注意事項

①溶接は表面からのみ行う。

②試験を通じて試験材料，試験材および試験片は各種の処理（熱処理，ピーニング，ビードの成形加工など）を行ってはならない。

③タック溶接（仮付溶接）は，試験片採取位置を避けて行うものとする。なお，試験材の裏面のタック溶接を行ってもよい。

④最終層（仕上げ層）のビード幅（余盛幅）は，外観評価基準の余盛幅の上限を超えてはならない。

⑤ビードの重ね方および層数は自由とする。

⑥溶接中，溶加棒の取り替えは自由とする。なお，溶加棒は最後まで使用しなくてもよい。

⑦同一試験材料の溶接では，同一銘柄の溶加棒または溶接ワイヤを使用しなければならない。

⑧裏当て金のない試験材料の溶接には，裏当てを用いてはならない。ティグ溶接には，裏側のガスシールドを行う。

5.2　板の溶接の場合の注意事項

①試験材料は，逆ひずみ，拘束などの方法によって，溶接後の角変形が5°を

超えないように作製する。

②立向および横向溶接では，溶接を開始してから終了まで試験材の上下の方向を変えてはならない。

③ミグ溶接の試験材料で，逆ひずみをとる場合，裏当て金と母材とを密着させるために裏当て金を曲げてもよい。

④裏当て金を用いない溶接では，作業台から試験材料を浮かせて溶接するものとする。

5.3　管の溶接の場合の注意事項

①溶接するときは，試験材を図2（a）のように水平に固定し，図5のABC間を溶接する。その場合，図5のA点は，水平軸に対して真下の位置とする。次いで図2（b）のように鉛直に固定し，図5のADC間を溶接する。なお，この固定の順序は変えてもよい。

②1層ごとに水平または鉛直固定の位置を変えてもよいが，最初に固定した水平または鉛直の上下および左右の位置を変えてはならない。

6　評価試験の判定方法

（1）学科試験

学科試験は，解答の正否を採点する。

（2）外観試験

外観試験は，溶接された試験材について，次の項目を目視または測定し，判定する。

①ビードの形状

②溶接の始点および終点の状況

③裏面の溶込み状況（裏当て金を使用しない溶接の場合）

④オーバラップ，アンダカット，ピットの状況

⑤変形

⑥溶接部表裏面の変色程度（チタンの溶接試験特有である）

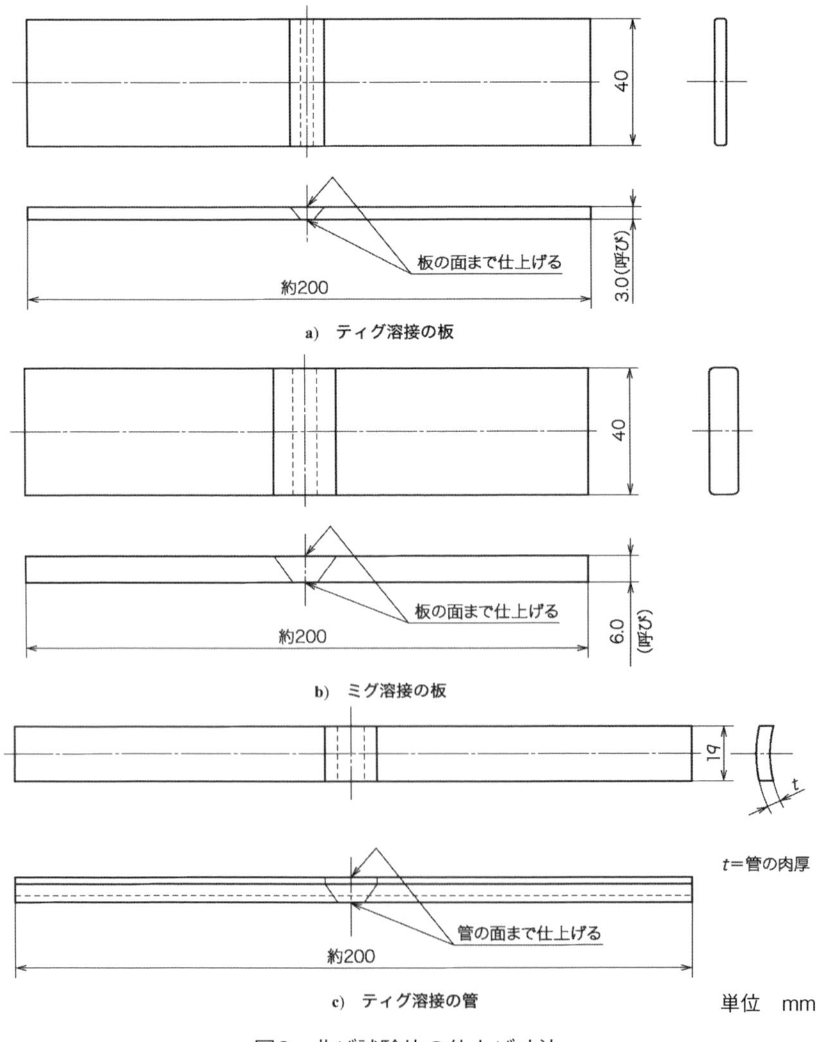

a)　ティグ溶接の板

b)　ミグ溶接の板

c)　ティグ溶接の管

単位　mm

図6　曲げ試験片の仕上げ寸法

表4　曲げ試験の種類および試験片の数

継手の種類	試験材料の寸法(呼び)	曲げ試験の種類	試験片の数
板の突合せ継手	板厚:3.0 mm	表曲げ試験	1
		裏曲げ試験	1
	板厚:6.0 mm	表曲げ試験	1
		裏曲げ試験	1
管の突合せ継手	外径:80 A～100 A	表曲げ試験	2
	肉厚:3.0 mm	裏曲げ試験	2
注記　寸法に付した“(呼び)”は，呼び寸法又は公称寸法であることを示す。			

(3) 曲げ試験

曲げ試験は次のとおりとする。

①曲げ試験片は図3～図5に示す位置から採取し，図6に示すように仕上げる。なお，試験片の数を，表4に示す。

②曲げ試験は，JIS Z 3122「突合せ溶接継手の曲げ試験方法」に従って行い，曲げられた試験片の外面の欠陥を測定する。

③曲げ角度は180°とする。

④曲げ試験に用いる雄型の直径（d）は，試験片厚さの8倍とする。

評価試験の合否判定基準

(1) 合否判定

試験は，学科試験，外観試験および曲げ試験のすべての評価基準を満足しなければならない。

(2) 学科試験の評価基準

正答率が，60％以上のものを合格とする。

(3) 外観試験の評価基準

板の外観試験は，試験材を主溶接部（試験材の両端から15mmを除く溶接部），溶接部全体および溶接端部（試験材の両端から15mmの溶接部）に区分して評価し，すべての区分について評価基準を満足しなければならない。

管の外観試験は，試験材を主溶接部（鉛直固定溶接部と水平固定溶接部の境界部20mm，2ヵ所を除く溶接部）および溶接部全体に区分して評価し，すべての区分について評価基準を満足しなければならない。

なお，主溶接部は，鉛直固定溶接部と水平固定溶接部とを別個に評価する。

①主溶接部　板の試験材の主溶接部および管の試験材の主溶接部表側および

表5　主溶接部（表側）の溶接不完全部の種類及び評価基準

単位　mm

評価の対象とする溶接不完全部の種類	ティグ溶接		ミグ溶接	
	判断基準	合格基準	判断基準	合格基準
余盛幅過大	W＞13.0	当該溶接不完全部が存在しない	W＞20.0	当該溶接不完全部が存在しない
余盛高さ過大	H＞3.0	L_{total}≦10	H＞4.0	L_{total}≦10
のど厚（開先埋め）不足[a]	GⅠ：0.4≦D＜0.8 GⅡ：D≧0.8	GⅠ換算値≦20	GⅠ：0.5≦D＜1.0 GⅡ：D≧1.0	GⅠ換算値≦20
開先面の残存[b]	深さに関係なく扱う（混在溶接不完全部として扱う場合は，GⅡ扱いとする。）	L_{total}≦10	深さに関係なく扱う（混在溶接不完全部として扱う場合は，GⅡ扱いとする。）	L_{total}≦10
アンダカット[a][b]	GⅠ：0.4≦D＜0.8 GⅡ：D≧0.8	GⅠ換算値≦20	GⅠ：0.5≦D＜1.0 GⅡ：D≧1.0	GⅠ換算値≦20
オーバラップ[b]	L≧3.0	L_{total}≦20	L≧3.0	L_{total}≦20
溶接ワイヤ等の残存	長さに関係なく扱う	N≦3個	長さに関係なく扱う	N≦3個
開口[a]（ピットまたはスラグ巻込み）	GⅠ：0.5≦L_d＜2.0 GⅡ：L_d≧2.0	GⅠ換算値（N）≦6個	GⅠ：0.5≦L_d＜2.0 GⅡ：L_d≧2.0	GⅠ換算値（N）≦6個
割れ	深さに関係なく扱う	当該溶接不完全部が存在しない	深さに関係なく扱う	当該溶接不完全部が存在しない
貫通孔	大きさに関係なく扱う	当該溶接不完全部が存在しない	大きさに関係なく扱う	当該溶接不完全部が存在しない

表5　主溶接部(表側)の溶接不完全部の種類及び評価基準(続き)

単位　mm

評価の対象とする溶接不完全部の種類	ティグ溶接		ミグ溶接	
	判断基準	合格基準	判断基準	合格基準
混在溶接不完全部[a)b)]	アンダカット(GⅠ及びGⅡ)，のど厚不足（GⅠ及びGⅡ)及び開先面の残存(GⅡ扱い）が混在する場合は，GⅠ及びGⅡのそれぞれの合計長さからGⅠ換算値を算出する。合格基準：GⅠ換算値≦20			
溶接部の変色程度	−	銀色 金色又は麦色 紫 青	−	銀色 金色又は麦色 紫 青
		青白L_{total} ≦ 10		青白L_{total} ≦ 10
		暗灰色 白 黄白色 当該溶接不完全部が存在しない。		暗灰色 白 黄白色 当該溶接不完全部が存在しない。

記号説明

W：幅，H：高さ，D：深さ，L：溶接線方向の長さ，L_d：長径，L_{total}：合計長さ，N：数，GⅠ：程度の悪い溶接不完全部，GⅡ：程度の特に悪い溶接不完全部

注a) GⅠ及びGⅡの溶接不完全部が混在する場合の評価方法は，両者の溶接不完全部の合計長さ又は個数を次式で求め，GⅠ換算値で判定する。

長さの場合：GⅠ換算値 = GⅠ(L_{total}) + GⅡ(L_{total}) × 2

個数の場合：GⅠ換算値(N) = GⅠ(個数) + GⅡ(個数) × 2

注b) 開先面の残存，アンダカット及びオーバーラップについては，開先面の両側及びビード止端の両側に存在する溶接不完全部を合計する。

表6　主溶接部(裏側)の評価基準

単位　mm

評価の対象とする溶接不完全部の種類	ティグ溶接		ミグ溶接	
	判断基準	合格基準	判断基準	合格基準
余盛高さ過大	H＞3.0	L_{total}≦10	−	−
試験材裏面又は管内面の不整[c)d)]	H＞9.0	当該溶接不完全部が存在しない	−	−
	−	−	裏当て金裏面の溶融	L_{total}≦20
アンダカット[a)b)d)]	GⅠ：0.4≦D＜0.8 GⅡ：D≧0.8	GI換算値≦20	−	−
オーバラップ[b)d)]	L≧3.0	L_{total}≦20	−	−
溶接ワイヤ等の残存[d)]	長さに関係なく扱う	N≦3個	−	−

表6　主溶接部(裏側)の評価基準(続き)

単位　mm

評価の対象とする溶接不完全部の種類	ティグ溶接		ミグ溶接	
	判断基準	合格基準	判断基準	合格基準
裏波ビードの凹み[a)]	GⅠ:0.4≦D＜0.8 GⅡ:D≧　0.8	GⅠ換算値≦20	–	–
	D≧1.2 (混在溶接不完全部として扱う場合は溶接線方向の長さでGⅡ扱いとする)	N≦2箇所	–	–
溶込不良(ルートエッジの残存)	深さに関係なく扱う	L≦20	–	–
開口[a)d)](ピット又はスラグ巻込み)	GⅠ:0.5≦L_d＜2.0 GⅡ:L_d≧2.0	GⅠ換算値(N)≦6個	–	–
割れ[d)]	深さに関係なく扱う	当該溶接不完全部が存在しない	–	–
混在溶接不完全部[a)d)]	アンダカット(GⅠ及びGⅡ),のど厚不足(GⅠ及びGⅡ)及び開先面の残存(GⅡ扱い)が混在する場合は,GⅠ及びGⅡのそれぞれの合計長さからGⅠ換算値を算出する。合格基準:GⅠ換算値≦20			
溶接部の変色程度	–	銀色 金色又は麦色 紫 青	–	銀色 金色又は麦色 紫 青
		青白L_{total}≦10		青白L_{total}≦10
		暗灰色 白 黄白色 当該溶接不完全部が存在しない。		暗灰色 白 黄白色 当該溶接不完全部が存在しない。

記号説明

W:幅,H:高さ,D:深さ,L:溶接線方向の長さ,L_d:長径,L_{total}:合計長さ,N:数,GⅠ:程度の悪い溶接不完全部,GⅡ:程度の特に悪い溶接不完全部

注a) GⅠ及びGⅡの溶接不完全部が混在する場合の評価方法は,両者の溶接不完全部の合計長さ又は個数を次式で求め,GⅠ換算値で判定する。

長さの場合:GⅠ換算値=GⅠ(L_{total})+GⅡ(L_{total})　×2

個数の場合:GⅠ換算値(N)=GⅠ(個数)+GⅡ(個数)　×2

注b) 開先面の残存,アンダカット及びオーバラップについては開先面の両側及びビード止端の両側に存在する溶接不完全部を合計する。

注c) つらら状の垂れ下がり量は試験材裏面からの高さで計測する。裏当て金裏面の溶落ちとは,裏当て金を貫通する溶融によって形成された,当て金裏面の凹み又は金属の垂れ下がった凸部をいう。

注d) 管の内面については,溶接不完全部のうち,余盛高さ過大,管内面の不整,溶接ワイヤ等の残存,裏波ビードの凹み,溶接部の変色程度及び溶込不良の6種類についてだけ評価の対象とする。なお,器具による管内面の精度の高い計測は作業上困難であるので,目視によって明らかに評価基準に抵触する場合だけを対象とする。

裏側の評価基準は，溶接不完全部の最も密な連続した100mmの範囲を対象として表5および表6による。

なお，アークストライクおよびスパッタの付着は，外観試験の対象外とする。

表7　継手の変形及び目違いの評価基準

<table>
<tr><td colspan="5" align="right">単位　mm</td></tr>
<tr><td rowspan="2">評価の対象とする溶接不完全部の種類</td><td colspan="2">ティグ溶接</td><td colspan="2">ミグ溶接</td></tr>
<tr><td>判断基準</td><td>合格基準</td><td>判断基準</td><td>判断基準</td></tr>
<tr><td>角変形</td><td>A ＞ 5°</td><td>当該溶接不完全部が存在しない</td><td>A ＞ 5°</td><td>当該溶接不完全部が存在しない</td></tr>
<tr><td>目違い</td><td>M ≧ 0.5</td><td>L_{total} ≦ 20</td><td>M ≧ 0.8</td><td>L_{total} ≦ 20</td></tr>
<tr><td colspan="5">記号説明
L：溶接線方向の長さ，L_{total}：合計長さ，A：角変形，M：目違い</td></tr>
</table>

表8　板の試験材の表側両端15 mmの評価基準

<table>
<tr><td colspan="5" align="right">単位　mm</td></tr>
<tr><td rowspan="2">評価の対象とする溶接不完全部の種類</td><td colspan="2">ティグ溶接</td><td colspan="2">ミグ溶接</td></tr>
<tr><td>判断基準</td><td>合格基準</td><td>判断基準</td><td>合格基準</td></tr>
<tr><td>開先面の残存</td><td>深さに関係なく扱う</td><td>L_{total}≦10</td><td>深さに関係なく扱う</td><td>L_{total}≦10</td></tr>
<tr><td>のど厚不足（クレータの処理不足を含む）</td><td>D≧1.0</td><td>L_{total}≦10</td><td>D≧1.5</td><td>L_{total}≦10</td></tr>
<tr><td>開口（ピット又はスラグ巻込み）</td><td>L≧2.0
（開口部の長径）</td><td>L_{total}≦10</td><td>L≧2.0
（開口部の長径）</td><td>L_{total}≦10</td></tr>
<tr><td>クレータ割れ</td><td>深さに関係なく扱う</td><td>L_{total}≦5.0</td><td>深さに関係なく扱う</td><td>L_{total}≦5.0</td></tr>
<tr><td>貫通孔</td><td>大きさに関係なく扱う</td><td>当該溶接不完全部が存在しない</td><td>大きさに関係なく扱う</td><td>当該溶接不完全部が存在しない</td></tr>
<tr><td rowspan="3">溶接部の変色程度</td><td rowspan="3">－</td><td>銀色
金色又は麦色
紫
青</td><td rowspan="3">－</td><td>銀色
金色又は麦色
紫
青</td></tr>
<tr><td>青白L_{total}≦20</td><td>青白L_{total}≦20</td></tr>
<tr><td>暗灰色
白
黄白色
当該溶接不完全部が存在しない。</td><td>暗灰色
白
黄白色
当該溶接不完全部が存在しない。</td></tr>
<tr><td colspan="5">記号説明
D:深さ，L:溶接線方向の長さ，L_{total}：合計長さ</td></tr>
</table>

②継手の変形および目違いの評価基準は，表7による。

③板の試験材の溶接端部の評価基準は，表8による。

④変色程度の評価基準は，表5および表6による。

(4) 曲げ試験の評価基準

曲げられた試験片の外面に，次の欠陥が認められる場合は不合格とする。

①長さ3.0mmを超える割れがある場合

②長さ3.0mm以下の割れの合計長さが，7.0mmを超える場合

③ブローホールと割れの合計数が10個を超える場合

④アンダカット，溶込不良，スラグ巻込みなどが著しい場合

また，ブローホールと割れが連続しているものは，ブローホールを含めて連続した割れの長さとみなす。

8 適格性証明書

試験に合格した者には，適格性証明書（資格所有の証明書）を交付する。

(1) 資格および適格性証明書の有効期間

資格および適格性証明書の有効期間は，登録日から1年間とする。

(2) 資格および適格性証明書の有効期間延長

①資格および適格性証明書の有効期間を延長したい者は，有効期間の終了する前3ヵ月以内に，サーベイランス（引き続いて業務に従事していることを確認する審査）を受けなければならない。

②サーベイランスの結果が良好な場合は，資格および適格性証明書の有効期間を1年間延長する。ただし，このサーベイランスによる延長は，2回を限度とする。

9 資格の再評価

①資格の登録からサーベイランスを2回受けて，さらに資格を継続したい者は，資格の再評価を受けなければならない。

②再評価の試験は，受験者が所有する資格の実技試験を行う。ただし，専門級の資格を所有する者は，基本級の実技試験を省略することができる（ただし，省略は受験申込時の申請が必要で，受験当日の申請は認められない）。

③新しい資格および適格性証明書の有効期間は，合格した者が所有している資格および適格性証明書の有効期間が終了する翌日から1年間である。

④再評価の試験は，受験者が所有している資格および適格性証明書の有効期間が終了する前8ヵ月から前2ヵ月の期間に受験しなければならない。再評価の試験に合格した場合，現適格性証明書の有効期間に連続して認証される。

評価試験の区分

評価試験の区分は，次のとおりである。

(1) 新規試験

表1に示す資格を初めて取得しようとする者が受ける試験で，学科試験と実技試験を行う。ただし，学科試験は3 (2) 項に該当する場合は省略する。

(2) 再評価試験

9項に該当する試験である。

(3) 学科追試験

新規試験で，実技試験には合格したが，学科試験で不合格となった者に対して，改めて行う学科試験である（ただし，追試験は1回のみ）。

倫理的事項

登録者は，職務の遂行に際して，社会規範，法令，関係諸規則などを遵守しなければならない。

12 認証の失効

次のいずれかに相当する場合，認証は失効する。

①適格性証明書の有効期間が満了した場合。

②申請から認証までの過程において不正行為があり，一般社団法人日本溶接協会が適格性証明書の取消しを決定した場合。

③登録者の認証後の適格性証明書の故意による誤使用，業務上の不正行為，重大な過失などがあり，倫理的事項に背反または背反した疑いが生じたとき，登録者本人や関係者に対する聴き取りなどの調査を経て，一般社団法人日本溶接協会が認証の取消しを決定した場合。

13 受験の手続

評価試験の流れを，図7に示す。

①評価試験は，全国で地区ごとに設定しているので，試験の日程，試験場，受験申込，受験料などを問い合わせる場合は，「評価試験受験申込先・問合先一覧」（204ページ）を参照し，問い合わせる。

②2022年9月1日以降に実施される試験についてはWEB申込み（e-Weld）にて受付を行う。詳細は日本溶接協会のe-Weld　ホームページ（https://www.e-weld.jwes.or.jp/wo/）を確認すること。不明点がある場合やそれ以前に開催される試験を申込む場合は，「溶接技能者認証のための評価試験受験申込先・問合先一覧」（204ページ）を参照し，問い合わせる。

③受験申込書の提出期限は，試験日の35日前までであるが，定員に達した場

合は期限前に受験申込を締め切ることがある。

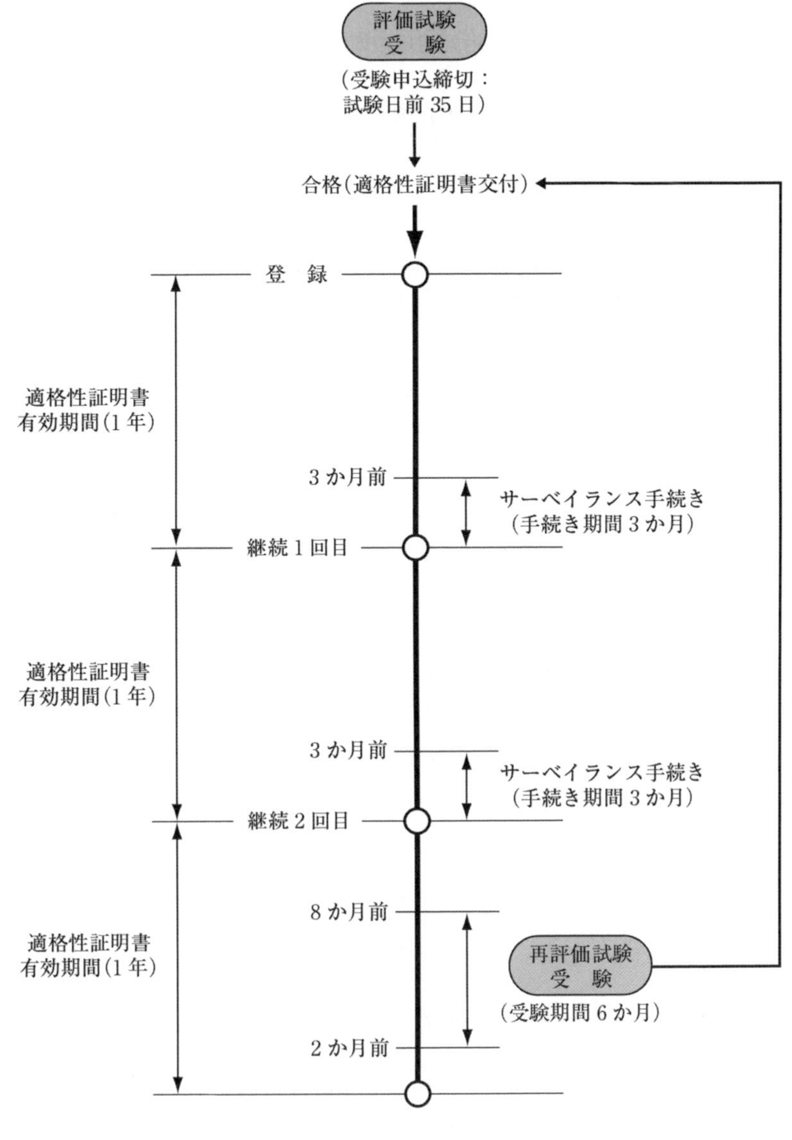

図7　評価試験の流れ

〈評価試験受験申込先・問合先一覧〉

■一般社団法人日本溶接協会 各地区溶接技術検定委員会事務局

北海道地区	〒003-0808	札幌市白石区菊水八条3丁目11-15 Tel.011-822-6678 ／ Fax.011-374-5561
東北地区	〒981-3206	仙台市泉区明通4-5-5 Tel.022-378-8290 ／ Fax.022-378-8289
東部地区	〒210-0864	川崎市川崎区池上町1-15 Tel.044-299-3541 ／ Fax.044-299-3543
北陸地区	〒920-3116	金沢市南森本町ホ33-1 Tel.076-257-4841 ／ Fax.076-257-4842
中部地区	〒457-0823	名古屋市南区元塩町6-25-5 Tel.052-613-2081 ／ Fax.052-613-2057
関西地区	〒530-0001	大阪市北区梅田1-11-4-500（大阪駅前第4ビル501） Tel.06-6341-1805 ／ Fax.06-6341-1806
中国地区	〒731-3166	広島市安佐南区大塚東3-8-11 Tel.082-848-0511 ／ Fax.082-848-0559
四国地区	〒792-0896	新居浜市阿島1-5-56 Tel.0897-47-5627 ／ Fax.0897-47-5359
九州地区	〒804-0054	北九州市戸畑区牧山新町2-15 Tel.093-881-5610 ／ Fax.093-871-8535

■一般社団法人日本溶接協会 指定機関

札幌溶接協会	〒003-0806	札幌市白石区菊水6条3丁目1-32(北海道溶接技術センター内) Tel.011-832-8280 ／ Fax.011-842-1969
函館溶接協会	〒040-0076	函館市浅野町4-8（函館工業会館内） Tel.0138-45-0717 ／ Fax.0138-41-5151

室蘭溶接協会　〒050-8570　室蘭市崎守町 385 番地（㈱楢崎製作所内）
Tel.0143-59-3895 ／ Fax.0143-59-3832

帯広溶接協会　〒080-8711　帯広市西3条南9丁目23(帯広経済センタービル5階 帯広商工会議所内)
Tel.0155-67-7344 ／ Fax.0155-28-4775

旭川溶接協会　〒078-8273　旭川市工業団地3条2丁目1-18(旭川工業技術センター内)
Tel.0166-36-4153 ／ Fax.0166-85-7722

北見溶接協会　〒090-0836　北見市東三輪 5-1-4（北見市工業技術センター内）
Tel.0157-66-2141 ／ Fax.0157-66-2144

釧路溶接協会　〒085-0003　釧路市川北町 9-19（㈱釧路製作所本社工場内）
Tel.0154-22-7136 ／ Fax.0154-22-9680

苫小牧溶接協会　〒053-0052　苫小牧市新開町 3-9-4（渡部工業㈱内）
Tel.0144-57-7587 ／ Fax.0144-57-7587

一般社団法人
青森県溶接協会　〒030-0921　青森市原別 5-11-55
Tel.017-736-9055 ／ Fax.017-736-9056

一般社団法人
岩手県溶接協会　〒020-0022　盛岡市大通 3-2-8（岩手県金属工業会館 4F）
Tel.019-652-3921 ／ Fax.019-624-5787

一般社団法人
宮城県溶接協会　〒980-0811　仙台市青葉区一番町 1-14-23（美和ビル 3F）
Tel.022-263-3468 ／ Fax.022-281-8674

一般社団法人
秋田県溶接協会　〒010-0941　秋田市川尻町字大川反 170-44
Tel.018-862-5410 ／ Fax.018-865-1437

一般社団法人
山形県溶接協会　〒990-0828　山形市双葉町 2-11-14
Tel.023-644-0857 ／ Fax.023-645-7891

一般社団法人
福島県溶接協会　〒960-8042　福島市荒町 4-33（宍戸ビル 2F）
Tel.024-523-1622 ／ Fax.024-521-0634

一般社団法人
茨城県溶接協会　〒312-0005　ひたちなか市新光町 38（㈱ひたちなかテクノセンター内）
Tel.029-212-4650 ／ Fax.029-212-4660

一般社団法人
栃木県溶接協会　〒321-0923　宇都宮市下栗町 699-7
Tel.028-656-9210 ／ Fax.028-656-9270

一般社団法人
群馬県溶接協会　〒371-0017　前橋市日吉町1-8-1（前橋商工会議所内）
Tel.027-230-1020 ／ Fax.027-230-1021

一般社団法人
埼玉県溶接協会　〒350-0011　川越市久下戸3081-1（埼玉県鉄構会館1F）
Tel.049-236-9151 ／ Fax.049-236-9159

一般社団法人
千葉県溶接協会　〒260-0024　千葉市中央区中央港1-13-1（千葉県ガス石油会館2F）
Tel.043-246-5712 ／ Fax.043-246-5713

一般社団法人
東京都溶接協会　〒136-0072　東京都江東区大島3-1-11（産学協同センター2F）
Tel.03-3685-5448 ／ Fax.03-3682-4902

一般社団法人
首都圏溶接協会東京　〒144-0052　東京都大田区蒲田5-32-6（サワダビル202）
Tel.03-3733-4971 ／ Fax.03-3735-8026

一般社団法人
神奈川県溶接協会　〒210-0001　川崎市川崎区本町2-11-19（(一財)日本溶接技術センター内）
Tel.044-233-8367 ／ Fax.044-246-5265

一般社団法人
新潟県溶接協会　〒950-0041　新潟市東区臨港町3-4609-11
Tel.025-272-7311 ／ Fax.025-272-7314

一般社団法人
山梨県鉄構溶接協会　〒400-0055　甲府市大津町317-2（山梨県鉄構会館内）
Tel.055-241-2674 ／ Fax.055-241-2731

一般社団法人
長野県溶接協会　〒380-0928　長野市若里1-18-1（長野県工業技術総合センター内）
Tel.026-228-3195 ／ Fax.026-228-7511

一般社団法人
富山県溶接協会　〒933-0981　高岡市二上町150（富山県産業技術研究開発センター内）
Tel.0766-25-7912 ／ Fax.0766-25-8871

一般社団法人
石川県溶接協会　〒923-0804　小松市光町25（小松鉄工機器協同組合研修センター3階）
Tel.0761-46-5020 ／ Fax.0761-46-5021

一般社団法人
福井県溶接協会　〒910-0831　福井市若栄町508（福井県鉄工会館1階）
Tel.0776-53-5261 ／ Fax.0776-53-5530

一般社団法人
岐阜県溶接協会　〒504-0814　各務原市蘇原興亜町1-17-1（川協研修センター内）
Tel.0583-83-9382 ／ Fax.0583-83-9363

静岡県溶接工業協同組合　〒424-0847　静岡市清水区大坪1-5-17
Tel.054-347-3070 ／ Fax.054-347-3118

一般社団法人
愛知県溶接協会　〒456-0058　名古屋市熱田区六番3-4-41(名古屋市工業研究所内)
Tel.052-651-6084 ／ Fax.052-651-6081

一般社団法人
三重県溶接協会　〒514-0302　津市雲出伊倉津町 1187（JFE 長浜ビル）
Tel.059-235-3185 ／ Fax.059-253-3186

滋賀県溶接協会　〒520-0865　大津市南郷5-2-14(滋賀県事業内職業訓練センター内)
Tel.077-534-1140 ／ Fax.077-534-1173

一般社団法人
京都府溶接協会　〒615-0022　京都市右京区西院平町25(ライフプラザ西大路四条1階)
Tel.075-322-8401 ／ Fax.075-322-8402

一般社団法人
大阪府溶接技術協会　〒556-0016　大阪市浪速区元町 2-8-9（難波ビル）
Tel.06-6649-1405 ／ Fax.06-6649-4907

一般社団法人
兵庫県溶接協会　〒650-0025　神戸市中央区相生町 4-5-5（奥谷ビル）
Tel.078-341-2195 ／ Fax.078-341-4555

奈良県溶接協会　〒630-8031　奈良市柏木町129-1(奈良県産業振興総合センター内)
Tel.0742-33-6222 ／ Fax.0742-36-6152

和歌山県溶接協会　〒649-6264　和歌山市新庄 99
Tel.073-477-4964 ／ Fax.073-477-4965

鳥取県溶接協会　〒683-0845　米子市旗ヶ崎 2201（山陰酸素工業㈱内）
Tel.0859-32-7112 ／ Fax.0859-23-3950

島根県溶接協会　〒690-0017　松江市西津田 1-9-50（島根県鐵工会館内）
Tel.0852-24-2157 ／ Fax.0852-24-2161

一般社団法人
岡山県溶接協会　〒700-0011　岡山市北区学南町 1-4-3
Tel.086-250-6530 ／ Fax.086-250-6531

一般社団法人
広島県溶接協会　〒737-0811　呉市西中央 3-9-6（上本ビル 2F）
Tel.0823-21-3331 ／ Fax.0823-21-2717

一般社団法人
山口県溶接協会　〒744-0002　下松市大字東豊井 1547-2（国居ビル 2F）
Tel.0833-43-3450 ／ Fax.0833-44-9510

徳島県溶接協会　〒770-8021　徳島市雑賀町西開11-2(徳島県立工業技術センター内)
Tel.088-669-4637 ／ Fax.088-661-6558

一般社団法人
香川県溶接協会　〒761-0101　高松市春日町296-3㈱カワニシ本社工場内)
Tel.087-813-2888 ／ Fax.087-813-2888

愛媛県溶接協会　〒792-0003　新居浜市新田町 3-2-27（新居浜ビル 1F）
Tel.0897-66-8235 ／ Fax.0897-66-8236

一般社団法人
高知県溶接協会　〒780-0814　高知市稲荷町 10-9（高知溶材㈱内）
Tel.088-855-3512 ／ Fax.088-855-3512

一般社団法人
福岡県溶接協会　〒807-0831　北九州市八幡西区則松3-6-1(福岡県工業技術センター内)
Tel.093-602-7751 ／ Fax.093-602-7828

一般社団法人
佐賀県溶接協会　〒849-0932　佐賀市鍋島町八戸溝 161-10
Tel.0952-31-3554 ／ Fax.0952-20-3553

一般社団法人
長崎県溶接協会　〒856-0026　大村市池田2-1303-8(長崎県工業技術センター内)
Tel.0957-52-1146 ／ Fax.0957-52-1147

一般社団法人
熊本県溶接協会　〒862-0901　熊本市東区東町3-11-38(熊本県産業技術センター内)
Tel.096-369-5519 ／ Fax.096-369-5724

一般社団法人
大分県溶接協会　〒870-1117　大分市高江西1-4361-10(大分県産業科学技術センター内)
Tel.097-596-7010 ／ Fax.097-596-7010

一般社団法人
宮崎県溶接協会　〒880-0303　宮崎市佐土原町東上那珂16500-2(宮崎県工業技術センター内)
Tel.0985-74-0990 ／ Fax.0985-74-0029

一般社団法人
鹿児島県溶接協会　〒890-0073　鹿児島市宇宿 2-9-3
Tel.099-251-5518 ／ Fax.099-253-8080

一般社団法人
沖縄県溶接協会　〒904-2234　うるま市字州崎12-2(沖縄県工業技術センター内)
Tel.098-934-9565 ／ Fax.098-934-9545

索引

あ

か行

さ

た

な

は

ま

や

ら

わ

英字・ギリシア文字

JIS Z 3805 チタン溶接技能者研修テキスト
新版 JIS チタン溶接 受験の手引

2025年4月20日　初　版第1刷発行

編　者　日本溶接協会
発行者　大　友　亮
発行所　産報出版株式会社
〒101-0025　東京都千代田区神田佐久間町1丁目11番地
TEL. 03-3258-6411 ／ FAX. 03-3258-6430
印刷・製本　株式会社　精興社
定価はカバーに表示してあります。
ISBN978-4-88318-194-0 C 3057

●ホームページ　https://www.sanpo-pub.co.jp